W0467208

Maja Byhahn

Das Pfotenhoroskop für den Hund

Was die Sterne über Ihren Liebling sagen

Müller Rüschlikon

Einbandgestaltung: Kornelia Erlewein

Die Zeichnungen auf dem Cover so wie im Innenteil dieses Buches wurden von Caroline Schmidt erstellt.
Das Foto auf der Umschlagrückseite stammt von Klaudia Tot.

Dieses Buch wurde vermittelt von der Literaturagentur erzähl:perspektive, München (www.erzaehlperspektive.de).

Alle Angaben wurden bestens geprüft. Eine Haftung der Autorin oder des Verlages und seiner Beauftragten für Personen-, Sach- und Vermögensschäden ist ausgeschlossen.

ISBN 978-3-275-01873-4

Copyright © 2012 by Müller Rüschlikon Verlag
Postfach 103743, 70032 Stuttgart
Ein Unternehmen der Paul Pietsch Verlage GmbH & Co. KG
Lizenznehmer der Bucheli Verlags AG, Baarerstr. 43, CH-6304 Zug

1. Auflage 2012

Sie finden uns im Internet unter www.mueller-rueschlikon-verlag.de

Nachdruck, auch einzelner Teile, ist verboten. Das Urheberrecht und sämtliche weiteren Rechte sind dem Verlag vorbehalten. Übersetzung, Speicherung, Vervielfältigung und Verbreitung, einschließlich Übernahme auf elektronische Datenträger wie CD-ROM, Bildplatte usw. sowie Einspeicherung in elektronische Medien wie Bildschirmtext, Internet usw. sind ohne vorherige schriftliche Genehmigung des Verlages unzulässig und strafbar.

Lektorat: Claudia König
Innengestaltung: Kornelia Erlewein
Druck und Bindung: LEGO s.p.A., 36100 Vicenza
Printed in Italy

Für meinen herzallerliebsten

Sunny

(Sherwood Forrest's Amazing Robin Hood,
18.01.2006 – 23.12.2009),

dem ich die Idee zu diesem Buch verdanke.

★

Mein expliziter Dank gilt Magdalena Schmidt,
die mir mit ihrem fundamentalen astrologischen
Wissen oft auf die Sprünge geholfen hat.

Inhalt

Vorwort

*G*anz unabhängig davon, um welche Hunderasse es sich bei Ihrem vierbeinigen Liebling handelt, bekommen Sie in diesem Buch einen tierisch tiefen Einblick in die Persönlichkeit Ihres Hundes. Es mag zwar sein, dass Westhighland-Terrier und Dackel als eigensinnig gelten oder Schäferhunde gern folgsam sind, wer aber schon mit mehr als nur einer Fellnase der gleichen Gattung näheren Kontakt hatte, wird deutliche Unterschiede in den Persönlichkeiten durchaus bestätigen.

Die astrologische Sicht der Dinge ermöglicht es Ihnen, das Verhalten Ihres Hundes noch besser zu verstehen, ihn gezielter zu fördern und das Zusammenleben mit ihm somit noch schöner zu gestalten. Denn auch für Ihren vierbeinigen Liebling sind die Sterne maßgeblich für Vorlieben, Fähigkeiten und seine charakterlichen Eigenschaften.

Das Pfotenhoroskop gibt ausführlich und auf heitere Weise Auskunft darüber, wie diszipliniert Ihr Hund sein kann und welche Leistungen ihm möglich sind. Wie kann man ihm leicht etwas beibringen? Welche Bindung hat er zu Ihnen und was benötigt er unbedingt, um sich wohl zu fühlen? Wie ist es um sein soziales Verhalten bestellt? Und wie sieht es mit dem Revierverhalten oder seinem Jagdinstinkt aus? Auf diese und viele andere Fragen werden Sie hier interessante und vielleicht sogar überraschende Antworten finden.

Vorab aber eine »Warnung«: Wundern Sie sich bitte nicht, wenn die einzelnen Deutungen Dopplungen enthalten oder manche Aussagen auf den ersten Blick gar widersprüchlich erscheinen sollten. Denn dies zeigt unter Umständen nur gewisse verstärkt auftretende Verhaltensweisen oder eben ambivalente Persönlichkeitszüge ihres Hundes an. Ihr geliebter Vierbeiner ist vielschichtig in seinem Wesen – wie Sie selbst ja schließlich auch.

Wie stehen die Sterne für Ihren Hund? Eine Gebrauchsanleitung

So finden Sie ganz einfach heraus, welche Sterne wie für Ihren Hund stehen:

Schritt 1: Welche individuellen Sternenkonstellationen für Ihren Hund bestimmt sind, können Sie anhand des Geburtsdatums in der angehängten Ephemeriden-/Sternentabelle ab Seite 195 nachschlagen.

Schritt 2: Wo Sie die einzelnen Sternenkonstallationen Ihres Hundes in diesem Buch finden, zeigt Ihnen diese Tabelle zur schnellen Kapitelfindung:

Planet	**☉ Sonne**	**☾ Mond**	**☿ Merkur**	**♀ Venus**	**♂ Mars**
Sternzeichen					
♈ Widder	Seite 14	Seite 116	Seite 136	Seite 154	Seite 174
♉ Stier	Seite 22	Seite 117	Seite 137	Seite 155	Seite 175
♊ Zwilling	Seite 30	Seite 118	Seite 138	Seite 157	Seite 177
♋ Krebs	Seite 38	Seite 120	Seite 140	Seite 158	Seite 179
♌ Löwe	Seite 46	Seite 122	Seite 141	Seite 160	Seite 181
♍ Jungfrau	Seite 54	Seite 123	Seite 143	Seite 161	Seite 183
♎ Waage	Seite 62	Seite 125	Seite 144	Seite 163	Seite 185
♏ Skorpion	Seite 70	Seite 126	Seite 145	Seite 164	Seite 186
♐ Schütze	Seite 78	Seite 127	Seite 147	Seite 166	Seite 188
♑ Steinbock	Seite 86	Seite 129	Seite 148	Seite 167	Seite 190
♒ Wassermann	Seite 94	Seite 131	Seite 149	Seite 169	Seite 191
♓ Fisch	Seite 104	Seite 132	Seite 150	Seite 170	Seite 193

Beispiel:
Geburtsdatum
18.01.2006

☉ Sonne im Zeichen ♑ Steinbock: Seite 86

☾ Mond im Zeichen ♍ Jungfrau: Seite 123

☿ Merkur im Zeichen ♑ Steinbock: Seite 148

♀ Venus im Zeichen ♑ Steinbock: Seite 167

♂ Mars im Zeichen ♉ Stier: Seite 175

1 Wille und Durchsetzungskraft – Die Bedeutung der Sonne im Horoskop

Die Sonne steht im Horoskop für das aktive Ich, den Willen, die Charakterstärke und die Lebenskraft. Sie beschreibt das Wesen der zwölf Tierkreiszeichen und trägt im Vergleich zu den anderen Gestirnen den größten Anteil am Horoskop.

Sie ist also dafür verantwortlich, ob Ihr geliebter Vierbeiner der geborene Wachhund mit einem Pitbull-Charakter ist. Oder macht er vielleicht doch eher auf dem Sofa als Schmusehund eine bessere Figur? Lässt er sich gern von Ihnen an der Leine durchs Hundeleben führen oder will er Ihnen ständig zeigen, wo es lang geht?

Finden Sie nun heraus, was die Sonne im Tierkreiszeichen Ihres Hundes bewirkt – und ob Sie selbst ein »astrologisches Dream-Team« mit Ihrem Hund bilden. Aber keine Sorge, wenn dem nicht so ist: Auch hierfür gibt es wertvolle Tipps für ein harmonischeres Zusammenleben.

Der Widder-Hund 21.03.–20.04.

Eine unter der Widder-Sonne geborene Fellnase bringt so extrem viel Energie mit in dieses Hundeleben, dass bei Ihnen zu Hause nie wieder Langeweile herrscht. Schon in den Flegeljahren haben Sie besonders viel Spaß mit Ihrem Widder-Hund, denn ihm wird kein Zaun zu hoch und kein Halsband zu eng sein, als dass er nicht doch entwischen würde, um sich lauthals bellend ins Getümmel zu stürzen.

Selbst mit einer disziplinierten Hundeschulausbildung wird er mit seiner draufgängerischen Art immer wieder Chaos verbreiten. Sie aus dem Konzept zu bringen und nur aus Prinzip seinen Willen durchzusetzen, das ist seine Lieblingsbeschäftigung. Um ja keinen Augenblick zu versäumen, will Ihr Widder-Hund unbedingt immer und überall mit dabei sein und vor allem sagen, wo es langzugehen hat. Sie werden gut aufpassen müssen, dass nicht er mit *Ihnen* Gassi geht.

Wegen seines Tatendrangs, dem oft die Überlegung fehlt und der immer von »Ich will« getrieben ist, stehen ungeschickte Aktionen auf der Tagesordnung. Eine hoch angesetzte Hundehaftpflichtversicherung ist ein unbedingtes Muss! Gut, wenn man als glücklicher Hundebesitzer vieles mit Humor betrachtet und kein labiles Nervenkostüm hat, denn in einer Nervenheilanstalt sind Hunde leider unerwünscht und ohne Sie wäre er nur ein Schatten seiner selbst.

Ihr vierbeiniges Energiebündel wetzt den ganzen Tag ungebremst durch die Gegend, sodass so mancher schon allein vom Zusehen ermüdet. Nur von einem lang zu kauenden Leckerbissen wird er sich überzeugen lassen, mehr als zwei Minuten auf einem Platz zu verweilen, bevor es für ihn im gleichen rasanten Tempo wieder weitergeht.

Als geliebter Zweibeiner sind Sie die ganze Zeit damit beschäftigt, ihn nicht immer zwischen den Beinen oder auf dem Schoß zu haben. Und ihm ist es vollkommen Wurst, ob er mit der Statur einer Deutschen Dogge überhaupt die passende Größe dafür mitbringt. Er will mittendrin statt nur dabei sein! Mit Enthusiasmus wird er beim Anblick des vollen Fressnapfes alles um sich herum vergessen und lieber den Napf aus Ungeduld umstoßen als brav abzuwarten, bis er vor ihm abgestellt wird. Es ist wider seine Natur zuzulassen, dass etwas einfach geschieht, er will immer aktiv an allem teilhaben. Gern wird er Ihnen bei allen anfallenden Arbeiten tatkräftig zu Seite stehen und natürlich versuchen, das Kommando zu übernehmen. Der Widder-Hund hat keine Angst vor nichts und niemandem, was nicht immer von Vorteil ist. Klar, dass das manchmal auch einen Kratzer bei Raufereien mit sich bringt. Doch das wird ihn nicht davon abhalten, sich in einer ähnlichen Situation wieder genauso ins Getümmel zu stürzen.

Ihr Vollblut-Widder-Hund wird durch seine vorherrschende Dominanz versuchen, sich alles und jeden untertan zu machen. Also wehret den Anfängen! Versäumen Sie es nicht, die Machtverhältnisse rechtzeitig klarzustellen – denn besser, er legt sich mit dem Bernhardiner der Nachbarn an als mit Ihnen. Sie sind der Boss und nicht nur das bremsende Teil, das an der anderen Seite der Hundeleine hängt. Okay?!

Wie passen Sie zum Widder-Hund?

Sie sind ...

Widder: Bei diesem Power-Pärchen kommt gewiss nie Langeweile auf! Wenn für ausreichend Auslauf und Spielmöglichkeiten gesorgt ist, kann fast nichts mehr schiefgehen. Allerdings könnte es öfter mal zu einem Kräftemessen kommen, da bei beiden der Dickkopf ein bisschen mehr ausgeprägt ist als so tugendhafte Eigenschaften wie Geduld oder gar Rücksichtnahme.

Fazit: Wenn Zwei- und Vierbeiner einander die nötigen Freiheiten lassen und sich nicht gegenseitig aufschaukeln, ist das eine vielversprechende, glückliche Verbindung.

♈

Stier: Das gemütliche und ruhige Wesen des Stier-Zweibeiners wirkt sich positiv auf den stürmischen Widder-Hund aus. Wenn für viel Bewegung und Abwechslung gesorgt ist, kommt der kleine Wirbelwind auch nicht auf dumme Gedanken. Kulinarisch bleiben bei dem Hund, der ein Stier-Herrchen oder -Frauchen hat, keine Wünsche offen!

Fazit: Der Widder-Hund bringt richtig Schwung und Action ins Stier-Zweibeiner-Leben. Dafür kann der Vierbeiner den Genuss ganz groß schreiben, denn für ein unwiderstehliches Leckerli zwischendurch ist bestimmt immer gesorgt.

Zwilling: Das hohe Tempo des Zwilling-Zweibeiners gefällt dem Widder-Hund überaus gut, im Gegenzug lässt sich der stolze Widder-Hund-Besitzer immer wieder gern von der Lebenslust seines haarigen Begleiters anstecken. Sie ergänzen sich erstklassig, ohne sich wirklich einzuschränken.

Fazit: Ein immer gern gesehenes Pärchen auf der Hundewiese! Wenn es genug Ruhephasen und nicht allzu viel Wirbel bei diesem spritzigen Duo gibt, werden sie viele lustige Abenteuer zusammen erleben.

♈

Krebs: Ein Krebs-Zweibeiner mit einem aufbrausenden Widder-Geborenen an der Hundeleine wird schnell lernen müssen, sich gegen diesen durchzusetzen, sonst wird nämlich mit ihm Gassi gegangen! Beim Erwerb seiner aufgeweckten Fellnase kann er gleich mal das Fitnessstudio-Abo kündigen, denn langweilig oder träge war gestern!

Fazit: Wenn sich der Krebs-Mensch nicht von der Power seines Widder-Hundes überrennen lässt und ihn nur mäßig mit Streicheleinheiten überschüttet, kommen beide ausgezeichnet miteinander zurecht.

♈

Löwe: Das ungestüme Widder-Gemüt wird von der Ruhe und Überlegenheit des Löwe-Zweibeiners wunderbar ausgeglichen. Wenn von Anfang an klar ist, wer hier das Sagen hat, wird es auch kaum Reibereien geben. Was ihm der Löwe-Mensch an Zuneigung und Wärme bietet, wird der Widder-Hund mit guter Laune und Leidenschaft zurückgeben.

Fazit: Der Löwe-Mensch kann dem Widder-Geborenen ausreichend Paroli bieten, ohne dass dessen Ego einen Kratzer bekommt. Bei dieser erfüllenden Kombination kann man durchaus von einem Dream-Team sprechen!

♈

Jungfrau: Wenn ein eher vorsichtiger Jungfrau-Zweibeiner einen unternehmungslustigen Widder-Hund sein Eigen nennt, hat er gleichzeitig die Aufgabe, diesen so intelligent zu leiten, dass es sein kleiner Treibauf nicht bemerkt. In der Hundeschule können sie zusammen richtig gut punkten, da bei dieser Kombination Sorgfalt auf Tatkraft stößt.

Fazit: Das enorme Temperament des Widder-Hundes bringt den Jungfrau-Geborenen ganz schön auf Trab, während sich der Widder-Vierbeiner über ein umsorgtes, geregeltes Hundeleben freuen kann.

♈

Waage: Ein Widder-Vierbeiner mit einem Waage-Menschen im Schlepptau wird lernen müssen, nicht immer gleich alles über den Haufen zu rennen. Wenn Sabberflecken auf dem Seidenteppich kein Problem mehr sind und der Waage-Geborene sich nicht allzu leicht aus dem Gleichgewicht bringen lässt, ist alles Bingobongo!

Fazit: Wenn der Widder-Hund sich etwas im Zaum hält, kann der Waage-Zweibeiner jedes noch so kleine Malheur seines Vierbeiners mit Charme ausgleichen.

Skorpion: Dieses Pärchen ist von Leidenschaft getrieben und steht sich in Sachen Zähigkeit in nichts nach. Mit Konsequenz und Ausdauer kann der Skorpion-Mensch dem hitzigen Widder-Gemüt jedoch gut Herr werden. Da wird es kein Gezerre an der Hundeleine geben, wenn der geliebte Zweibeiner ganz klare Kommandos gibt.

Fazit: Der Widder-Hund hat mit dem Skorpion-Zweibeiner richtig viel Freude, wenn er verstanden hat, wer die Regeln aufstellt. Dafür wird er dann aber auch mit ungeteilter Zuneigung belohnt.

♈

Schütze: Beschwingt wandern Widder-Hund und Schütze-Mensch nicht nur unzertrennlich durch den Wald oder lassen sich genüsslich ein Frühstück gemeinsam schmecken, sondern zeigen auch in den meisten anderen Punkten Einigkeit. Beide werden von Neugier und Unternehmungslust getrieben, Abenteuer stehen bei diesem Duo ganz oben auf der Liste!

Fazit: Der Schütze-Zweibeiner und der Widder-Geborene sind ein so unerschrockener und aufgeweckter Trupp, dass sie vor lauter Aktivitäten aber auf jeden Fall auch darauf achten sollten, dass das Faulenzen nicht zu kurz kommt.

♈

Steinbock: Mit einem Steinbock-Zweibeiner wird sich der Widder-Geborene nicht allzu viele Sperenzchen erlauben dürfen, denn hier herrscht Disziplin! Sonnige Aussichten für den stolzen Besitzer: Mit dem Widder-Hund kommen mehr Lebenslust und Abwechslung ins geregelte Steinbock-Leben.

Fazit: Mit einem Steinbock-Zweibeiner kann es der Widder-Hund durchaus in eine Hunde-Rettungsstaffel schaffen, bei der lehrreichen Ausbildung, die er tagtäglich beim Gassigehen mitbekommt.

♈

Wassermann: Der Widder-Hund wird mit einem Wassermann-Zweibeiner den Himmel auf Erden haben. Selten wird ihm ein Rüffel erteilt, da der Wassermann-Geborene ebenso seine Freiheiten liebt und diese auch seiner umtriebigen Fellnase zugesteht

Fazit: Voller Tatendrang wird dieses lebenslustige Duo die Hundewiese erobern und kann von nichts und niemandem ausgebremst werden. Na denn: Halsband angelegt und los geht's!

♈

Fisch: Der aufgedrehte Widder-Hund wird seinem Fische-Zweibeiner das Leben ganz schön mit Action würzen, bei dem, was er den lieben langen Tag so alles anstellt. Gemütlich einen romantischen Waldweg entlangzuspazieren, kann sich der Fische-Zweibeiner gänzlich abschminken, aber dafür wird es wenigstens richtig lustig!

Fazit: Der Widder-Hund genießt viel Freiheit bei seinem Fische-Zweibeiner und wird durch dessen feine Art etwas weicher und umgänglicher.

Der Stier-Hund 21.04.–20.05.

*M*it seinem ausgeglichenen Wesen wird sich Ihr Stier-Hund durch nichts so schnell aus der Bahn werfen lassen. Wenn aber doch, dann holen Sie sich schon mal den wattierten Kampfanzug aus der Garage, denn dann ist mit ihm nicht mehr zu spaßen. Er sieht nur noch rot! Gut, wenn in Ihrer Nähe Torerokurse angeboten werden, so könnten Sie mit Ihrem Stier-Hund in der Tageszeitung auf der Titelseite landen. Alternativ sollten Sie aber vielleicht lieber doch eine gute Hundehaftpflichtversicherung in Erwägung ziehen ...

Der Stier-Geborene hat einen starken, edlen Charakter. Er kann aber durchaus auch recht eigensinnig sein. Wenn die »Hundezeitung« auf der Straße oder im Park zu interessant ist, wird er weder vor- noch zurückzubewegen sein, und Sie werden vergebens mit Engelszungen auf ihn einreden. Bestenfalls können Sie ihn mit seinem Lieblingsleckerli zum Einlenken verführen.
Der unter der Stier-Sonne geborene Hund legt normalerweise eher ein bodenständiges und ruhiges Verhalten an den Tag. Da Essen für ihn nicht nur zur Lebenserhaltung dient, wird das Schleckermäulchen Ihnen gern zahlreiche Leckereien förmlich aus der Tasche luchsen und im Zweifelsfall lieber zu viel als zu wenig Futter zu sich nehmen. Selten wird der Napf halb voll an seinem Platz stehen, denn wenn er leer ist, könnte ja vielleicht noch jemand Erbarmen haben und selbigen sogleich nachfüllen. Bei fast täglich drohendem Hungertod, der ja bei ausreichend Nahrung normalerweise nicht eintreten kann, wird er auch vor keinem Mülleimer haltmachen. Außer er ist ein seltener Gourmet, der nur bei Kalbsfilet schwach wird und das liegt bekanntlich recht selten im Eimer.

Bei Gartenarbeiten wird Ihnen Ihr Stier-Geborener tatkräftig zur Seite stehen, auch wenn Sie die neuen Rosen eigentlich gar nicht an der von ihm frei gebuddelten Stelle einpflanzen wollten. Überlegen Sie also genau, ob Sie wirklich einen englischen Rasen im Garten heranzüchten wollen, denn das wäre mit ihm sicherlich ein äußerst schwieriges Unterfangen. Und wundern Sie sich auch nicht, wenn er im Garten einen Haufen Stöckchen zusammenträgt. Seine Schaffenskraft macht auch vor gut platzierten Pflanzenständern nicht Halt. Lassen Sie dieses seltene Kunstwerk besser liegen, nicht dass er Ihnen noch aus Frust über die unberechtigte Zerstörung seines Kunstwerkes die Gießkanne zerbeißt.

Wenn Sie ihm das eine oder andere beibringen wollen, werden Sie mit viel Geduld – und nicht zu vergessen mit vielen, vielen Leckerlis – langsam, aber sicher an Ihr Ziel gelangen und ihn als lernbegierigen Schüler erleben. Außer er liegt gerade einmal wieder in der Ecke und schläft. Wenn der Stier-Hund als Welpe keine unangenehmen Erfahrungen gemacht hat, ist er ein Pol meditativer Ruhe. Satt, bespielt und bekuschelt bringt ihn nichts und niemand von seinem gemütlichen Schlafplatz weg. Allerdings liebt er ausgiebige Waldspaziergänge und zieht dies dem stressigen »Zeitunglesen« an jeder Straßenecke vor. Eine vertraute Umgebung, ein geregelter Tagesablauf und eine sanfte Führung machen diesen Hund glücklich.

Wie passen Sie zum Stier-Hund?

Sie sind ...

Widder: Immer, wenn Hund es sich auf seinem Plätzchen gemütlich gemacht hat, dann pfeift der Widder-Zweibeiner auch schon wieder zum Abmarsch. Der gemütliche Stier-Hund kommt bei seinem vor Energie strotzenden Widder-Zweibeiner nicht ganz auf sein Faulenzerpensum.

Fazit: Der Stier-Hund bringt etwas mehr Ruhe in Ihr turbulentes Widder-Dasein und bekommt dafür im Gegenzug ein Mega-Bewegungs- und -Freizeitangebot für ein langes und vitales Hundeleben geboten.

Stier: Vier- und Zweibeiner wissen das Leben in vollen Zügen zu genießen. Ein gemütlicher und geregelter Tagesablauf, gespickt mit reichlich Leckereien und ausgedehnten Schmusestunden, sind Programm – dem Hundehimmel sei Dank.

Fazit: Trautes Heim, Glück allein! So könnte der Leitspruch dieses Duos lauten. Da beide gerne schlemmen, ist eine tägliche Extrarunde im Park optimal.

♉

Zwilling: Mit flatternden Ohren im Wind wird der Stier-Hund seinem flotten Zwilling-Menschen oft hinterherhecheln. Gemütlichkeit und Gelassenheit machen sich breit, wenn die treue Fellnase meditativ schnarchend im Körbchen liegt.

Fazit: Der besonnene Stier-Hund bringt dem auf allen Hochzeiten tanzenden Zwilling-Zweibeiner Ruhe und Beständigkeit. Und dem Stier-Hund wird es dafür niemals langweilig werden!

♉

Krebs: So liebevoll und fast schon zärtlich wie die beiden miteinander umgehen, könnte man fast neidisch werden. Beinahe wortlos verstehen sich Zwei- und Vierbeiner. Beide schätzen ein gemütliches, heimeliges Dasein und kommen ohne den Rest der Welt super zurecht.

Fazit: Im ganzen Universum wird es kaum ein schöneres Plätzchen für den Stier-Hund geben. Nur sollten Sie beide sich nicht zu sehr daheim vergraben, denn da draußen gibt es nicht nur eine interessante Hundezeitung zu lesen …

Löwe: Da haben sich zwei richtige Genießer gefunden! Aber aufgepasst, lieber Stier-Hund, nicht, dass es dann immer ein Ziehen und Zerren beim Gassigehen gibt. Da ist Hund gut beraten, auch mal großmütig einlenken zu können.

Fazit: Da der Stier-Hund durch seine verschmuste Art immer wieder die Großzügigkeit des Löwe-Menschen hervorkitzelt, können Sie gemeinsam das Leben von der schönsten aller Seiten genießen.

♉

Jungfrau: Ein sauberes und aufgeräumtes Zuhause ist dem Stier-Hund bei dem Jungfrau-Menschen sicher. Allerdings muss er sich jedes Leckerli erst mühsam »verdienen«, bevor das gut versteckte Jungfrau-Herz dahinschmilzt.

Fazit: Die Fellnase überschüttet seinen eher zurückhaltenden Jungfrau-Zweibeiner mit viel Herzenswärme und bekommt im Gegenzug das schöne und sichere Plätzchen geboten, das er braucht, um glücklich zu sein.

♉

Waage: Mit einem Waage-Zweibeiner an der Nappalederleine geht der Stier-Hund selten ungekämmt aus dem Haus. Beide sind dem Schönen und Genüsslichen sehr zugetan. Es gibt eher Filet als Dose, und wenn doch einmal, dann aber nur vom Allerfeinsten.

Fazit: Friedvoll und harmonisch geht es bei diesem Pärchen zu. Es gibt viel zu erleben mit einem Waage-Menschen, und die treue Fellnase ist natürlich immer mit von der Partie.

Skorpion: Bei einem unerschütterlichen Skorpion-Besitzer wird der Stier-Hund Schwierigkeiten haben, seinen Sturkopf durchzusetzen. So schnell wird keiner von seinem Standpunkt abrücken und nachgeben. Aber wenn erst mal klar ist, wer welche Rolle auf der Bühne des gemeinsamen Lebens zu spielen hat, dann gibt es kein Problem mehr.

Fazit: Wenn Stier-Hund und Skorpion-Zweibeiner etwas von ihrer Eigenwilligkeit Abstand nehmen und viele Extra-Streicheleinheiten einschieben, dann klappt es wunderbar mit den beiden.

♉

Schütze: Hundeausweis parat? Halsband angelegt? Mit einem Schütze-Besitzer steht einem Hund die Tür zur ganzen Welt offen. Der Stier-Geborene wird es sich bei jeder Gelegenheit gemütlich machen und ist so der Ruhepol für den aufgedrehten Schütze-Zweibeiner.

Fazit: Ein ungleiches Duo, das sich aber gut ergänzt. Die Fellnase bringt eine ruhigere Gangart in das rastlose Schützeleben und schafft es dafür in Rekordzeit, seine Marke bei einer fixen Gassirunde zu setzen.

♉

Steinbock: Diese Verbindung läuft ohne große Reibereien, denn man ist sich mehr als einig! Beide lieben einen geregelten und stressfreien Tagesablauf, am besten ohne große Aufregung. Gern auch inklusive vieler Streicheleinheiten, wenn es nach der Fellnase geht.

Fazit: Zwei treu liebende Seelen, die nur schwer aus ihrem Trott zu bringen sind. Bestimmt bringt der alltägliche Besuch der Hundewiese eine anregende Abwechslung.

♉

Wassermann: Bei diesem Pärchen ist es schon eine Herausforderung, auf Dauer festzulegen, wer bestimmt, wo es lang geht. Der Wassermann-Mensch beschreitet gern neue Wege, wogegen der Stier-Hund am liebsten die bewährten einschlagen möchte.

Fazit: Wenn der Wassermann-Mensch genug Verständnis für die bedächtige Langsamkeit seiner innig liebenden Fellnase aufbringt, wird es ihm tagtäglich mit vielen, vielen Hundebussis gedankt werden.

♉

Fisch: Pudelwohl wird sich die Stier-Fellnase bei ihrem Fisch-Menschen fühlen! Hauptsache, viel Schmusen und Schlemmen, dann kann der sonst eher rigide Stier-Hund mit Leichtigkeit auch den restlichen Tag im Freestyle verbringen.

Fazit: Die Nonchalance des Fisch-Menschen überträgt sich automatisch auf den Stier-Hund; im Gegenzug erhält er dafür von ihm die nötige Struktur für ein glückliches gemeinsames Zusammenleben.

Der Zwilling-Hund 21.05.–21.06.

Wenn Ihr Hund seine Sonne im Tierkreiszeichen Zwilling hat, dann schnallen Sie sich Ihre Rollerblades an und machen Sie sich auf ein spannendes Zusammenleben gefasst! Mit Ihrem Treibauf an der Leine werden Sie sich oft wundern, wie groß sein Einfallsreichtum wirklich ist, und unzählige Male am Tag werden Sie kopfschüttelnd etwas über die Vielfalt seiner Spielvarianten zu lachen haben.

Es liegt in der Natur des Zwilling-Geborenen, alles auszuprobieren, und seine Kombinationsgabe ist immens. Von seiner Neugier getrieben, kann er so manchen zur Verzweiflung bringen, wenn er sich beispielsweise quer durchs Kinderzimmer wühlt, um auch dem letzten trickreichen Spielzeug auf die Spur zu kommen und dieses komplett auseinanderzunehmen. Er wird immer etwas von einem lebhaften, tapsigen Welpen beibehalten. Sein quirliges Wesen bringt meist mehr Chaos als Hilfe, und wenn er Ihnen in bester Absicht den Regenschirm bringt, könnte es gut sein, dass er dazu so manches Regal unfreiwillig ausgeräumt hat. Durch sein mehr als witziges Verhalten erheischt er sich gern als Entertainer alle Aufmerksamkeit. Unsinn ist sein zweiter Vorname. Der Zwilling-Hund ist der geborene Clown, dem Sie nur noch eine rote Nase aufsetzen müssen – dann ist er mit seiner Darbietung nicht mehr zu toppen. Bei Geldmangel könnten Sie mit ihm in der Fußgängerzone bei seinem Repertoire an Kunststückchen einen Hut herumreichen und dabei gutes Geld verdienen. Der Beifall wird gewiss nicht ausbleiben und ihn noch mehr anspornen. Oft wird sich Ihnen der Gedanke aufdrängen, er habe tatsächlich selbst ein Lachen im Gesicht und schwänzelt nicht nur; die Frage ist nur: Lacht er mit Ihnen oder vielleicht sogar über Sie?

Wenn Ihr Zwilling-Hund mal allein zu Hause bleiben soll, dann braucht er genug Spielzeug in Reichweite, sonst werden Sie Ihre Wohnung nach Rückkehr kaum mehr wiedererkennen. Sie können ihn aber auch problemlos überall hin mitnehmen, er verpasst nur ungern etwas. Regenerationsphasen sind für einen Zwilling-Hund nur möglich, wenn Sie ihn geschickt mit einem langlebigen Leckerli an sein Körbchen »fesseln«. Dann hat er vielleicht die Möglichkeit, neue Kraft für weitere Unternehmungen zu sammeln, wenn er nicht doch eilig im Stehen kaut. Ungeduldig wird er an der Tür warten, bis Sie zum Gassigehen alles parat haben und es endlich losgeht. Ein Gassigang im größten Stadtgetümmel ist genau nach seinem Geschmack, auch für einen Waldspaziergang ist er durchaus zu haben – am liebsten, wenn der Weg hoch frequentiert ist. Seine heitere und verspielte Natur ist immer auf der Suche nach netter Gesellschaft, egal ob Tier oder Mensch.

Falls Sie erwägen, Ihr Rudel mit einem weiteren Hund oder einem Meerschweinchen zu vergrößern, ist das für ihn gar kein Problem. Er wird sich in keiner Weise zurückgesetzt fühlen – Eifersucht ist ihm gänzlich fremd. Hauptsache Action!

Wie passen Sie zum Zwilling-Hund?

Sie sind …

Widder: Eine mächtig lebendig-feurige Mischung! Denn hier trifft Wirbelwind auf Energiebündel. Erfreut vom hohen Tempo des Zwilling-Vierbeiners bringt der Widder-Mensch immer wieder Neues und Anregendes mit ins Spiel.

Fazit: Der Begriff Langeweile ist bei diesen beiden definitiv ein Fremdwort! Sie lassen es gern locker angehen und sind lieber unterwegs, statt sich daheim zu vergraben.

♊

Stier: Fitnesstraining gefällig? Damit der quirlige Zwilling-Hund bewegungstechnisch voll auf seine Kosten kommt, muss sich sein Besitzer schon täglich ins Zeug legen. Genug Leckeres gibt es auch, um ja nicht in den Unterzucker zu geraten.

Fazit: Die Gelassenheit des Stier-Zweibeiners wird vom quecksilbrigen Zwilling-Geborenen bestimmt öfter einmal auf die Probe gestellt, dafür wirkt das besonnene Stier-Gemüt beruhigend auf die zappelige Fellnase.

Zwilling: In ihrer Lebhaftigkeit werden sich die beiden wohl kaum in etwas nachstehen, von Trägheit kann da nicht die Rede sein! Ein aufgewecktes Team, bei dem einem schon allein beim flüchtigen Zusehen schwindlig werden kann.

Fazit: Es gibt jeden Tag so viel zu erleben, dass es bei der Rastlosigkeit der beiden eine Kunst ist, schönen Hobbys wie zum Beispiel dem süßen Nichtstun zu frönen.

♊

Krebs: Nicht gerade mühelos wird der Krebs-Mensch seinem sorglosen Tausendsassa hinterherzueilen versuchen. Als wandelnde Kontaktbörse ist der ruhelose Vierbeiner dafür geradezu ideal bei dem eher schüchternen Krebs untergebracht.

Fazit: Der Krebs-Mensch partizipiert an der allzeit guten Laune seines haarigen Freundes, anstatt sich in seiner nicht immer einfachen Innenwelt zu verlieren. Und der Hund? Der wird betüddelt – und zwar vom Allerfeinsten!

♊

Löwe: Ein schillerndes Pärchen, das es locker-flockig leicht versteht, sämtliche Aufmerksamkeit auf sich zu lenken. Zwei- und Vierbeiner wissen sich meisterhaft gut in Szene zu setzen und sind sich in allen aufkommenden Lebensfragen einig.

Fazit: Hier trifft Großzügigkeit auf Unbeschwertheit, und diese Verbindung bringt ein bemerkenswert liebenswertes Duo hervor. Diesen beiden wird wohl kaum einer die Show stehlen!

Jungfrau: Eine interessante Mischung ist die Kombination von pflichtbewusstem Jungfrau-Zweibeiner mit leichtpfotigem Zwilling-Vierbeiner. Was Hund in Windeseile durcheinanderwirbelt, wird von Herrchen oder Frauchen wieder in geordnete Bahnen gelenkt.

Fazit: Der lebhafte, ruhelose Zwilling-Hund bringt richtig Schwung ins gut durchorganisierte Jungfrau-Leben. Er besticht aber mit Originalität und lässt so jegliches Chaos schnell wieder in Vergessenheit geraten.

♊

Waage: Mit Stil und Klasse sind Vier- und Zweibeiner unterwegs, denn hier verbinden sich Schöngeist und Witz zu einer hinreißenden Kombination. Die unbeschwerte Fellnase passt perfekt zum niveauvollen Waage-Menschen!

Fazit: Die nicht leicht zu bändigende Fellnase lässt sich gern vom Charme seines Besitzers einfangen. Die zwei sind allzeit offen für Unterhaltsames und knüpfen mit spielerischer Leichtigkeit neue Kontakte.

♊

Skorpion: Hier trifft ein heißblütiges Skorpion-Wesen auf einen unberechenbaren Luftikus. Die pfiffige Fellnase wird wohl kaum eine Chance haben, bei diesem kompromisslosen Zweibeiner seine amüsanten Spielchen zu treiben.

Fazit: Die schelmische Art des Zwilling-Hundes lockert das oft intensiv leidenschaftlich geprägte Skorpion-Dasein auf angenehme Weise auf.

Schütze: Auf geht's mit Gebell, denn bei dieser energetisch hochpotenten Kombination bleibt Fiffi bestimmt nicht lange im Körbchen sitzen. Der Schütze-Geborene wird dem ohnehin schon ewig rastlosen Zwilling-Hund noch zusätzlich Beine machen.

Fazit: Ein flottes Pärchen, das auf der Hundewiese der reinste »Gute-Laune-Magnet« ist. Was allerdings beide unbedingt noch üben sollten, ist das Spiel: Wer kann länger gemütlich alle viere von sich strecken?

♊

Steinbock: Aus der Reihe zu tanzen, ist nicht leicht mit einem Steinbock-Menschen als stolzem Besitzer! Sitz, Platz, Fuß sind nicht die einzigen Kommandos, die wie aus der Pistole geschossen kommen sollten, wenn Hund auf Dauer ein paar mehr Freiheiten genießen will.

Fazit: Der Zwilling-Hund sollte etwas Contenance an den Tag legen, sodass der Steinbock-Zweibeiner dann auch mal fünfe gerade sein lassen kann.

♊

Wassermann: Über ein lockeres Hundeleben kann sich der Zwilling-Hund bei einem Wassermann-Zweibeiner freuen. Ein locker-lässiges Gespann, das gern mal einen aufregenden Nachmittag im Park vertrödelt oder die Hundewiese so richtig aufmischt.

Fazit: Ein gutes Team, das keine Zeit für Eifersüchteleien hat. Jeder lässt dem anderen den Spielraum, den er braucht, um happy zu sein.

Fisch: Mit einem Fische-Menschen im Schlepptau hat der Zwilling-Hund leichtes Spiel. Nach Lust und Laune kann die geliebte Fellnase die Hundezeitung studieren, wenn der Zweibeiner verträumt die Gassistrecke gemütlich mit abdackelt.

Fazit: Eine spannende Mischung aus Gefühl und Lebensfreude. Trübsal blasen ist mit einem Zwilling-Hund am Start grundsätzlich nicht möglich, wenn er bühnenreif den Clown raushängen lässt.

Der Krebs-Hund 22.06.–22.07.

*I*hr Hund mit der Sonne im Krebs ist eine sehr sensible Seele mit einem harten Kern. Er ist kein Weichei, das garantiert nicht! Aber er ist überaus anlehnungsbedürftig und verschmust und alles andere als ein Draufgänger. Gern wird er sich ein Plätzchen im Bett oder – wenn das nicht erlaubt ist – auf dem Bettvorleger reservieren. Hauptsache Nähe – am liebsten Körperkontakt! Ihr Krebs-Geborener wird es lernen müssen, auch mal allein, ohne Sie, eine gewisse Zeit auszuhalten. So haben Sie mit ihm einen Schatten an sich kleben, der Sie selbst bis ans stille Örtchen verfolgt.

Durch seine ausgeprägte Spürnase für Stimmungen wird er sich mit Ihrer emotionalen Befindlichkeit identifizieren. Falls Sie mal keinen guten Tag haben sollten, wird Ihr Krebs-Hund mit Ihnen oder sogar für Sie leiden. Für ihn ist es essenziell, geliebt und akzeptiert zu werden, sonst entwickelt er sich zum Eigenbrötler oder schlimmstenfalls zum nervigen Kläffer.
Sein Selbstbewusstsein müssen Sie ihm immer wieder durch viel Lob aufbauen. Trotz eines liebevollen Umfelds wird er auch seine launischen Phasen ausleben, die vom Herrscher des Tierkreiszeichens, dem Mond, ausgehen, und er könnte sich sprichwörtlich als »Pascha« oder »Diva« aufspielen, dem bzw. der man nichts recht machen kann. Dann ist ihm nicht einmal das Lieblingsleckerli gut genug und selbst sein Spielzeug kann ihm kein Schwanzwedeln abringen.

Sicherheit ist für ihn genauso wichtig wie Zuneigung. Lassen Sie ihm die Zeit, auch einmal »rumzuzicken«, er kommt dann schon wieder, um sich seine Streicheleinheiten abzuholen. Geduld ist eine seiner schönsten Eigenschaften. Wenn Sie etwas vergessen

haben sollten, wird er problemlos wie eine Statue am Gartentor stehen und auf Sie warten, bis Sie alles Nötige beisammen haben, um das Haus mit ihm zu verlassen.
Ihr Krebs-Hund gehorcht in der Regel aufs Wort, wenn er Sie als liebevolles Herrchen oder Frauchen anerkannt hat. Dann beschert er Ihnen lebenslange Treue und Zärtlichkeit. Ob es sich um Sie oder um seinen ureigenen Fressnapf handelt, sein Besitzanspruch gilt für ihn auf Lebenszeit. Er will lieber seinen alten Napf behalten, den er gewohnt ist, den er lieb gewonnen hat und der ihm immer gutes Futter bereitgehalten hatte. Wenn es denn unbedingt ein neuer Napf sein muss, wird sich dieser nur auf längere Sicht etablieren können. Ebenso werden Sie ein lieb gewonnenes, abgewetztes Spielzeug nicht unbemerkt in die Mülltonne werfen können. Schließlich trennt er sich nur äußerst ungern von seinen Sachen und wird es dementsprechend nach Möglichkeit wieder herausfischen. Also ersparen Sie sich lieber den stinkenden Plüschhasen und warten Sie besser ab, bis er sich wirklich in alle atomaren Einzelteile zersetzt und aufgelöst hat.

Wenn er richtig etwas ausgefressen, den Perser in einen Wollhaufen oder den Garten in eine Hügellandschaft verwandelt haben sollte, dann ist es an Ihnen, nach der (notwendigen!) Zurechtweisung den Kontakt zu ihm wieder aufzunehmen. Denn Ihr Krebs-Hund wird sich wie ein »geprügelter Hund« in seine Krebsschale zurückziehen. So fehlt ihm die Möglichkeit, seinerseits auf Sie zuzukommen. Dafür wird es aber nur selten einen Krebs-Geborenen geben, der durch Strawanzen unangenehm auffällt – Alleingänge sind ihm nämlich verhasst. Nur in Ihrer Begleitung wird er den Spaziergang genießen können, denn gefährliche Abenteuer sind nicht nach seinem Geschmack.

Wie passen Sie zum Krebs-Hund?

Sie sind …

Widder: Mit einem forschen Widder-Zweibeiner im Schlepptau hat der zaghafte Krebs-Hund eine ermutigende Rückendeckung, falls es mal eng werden sollte. Viel Zeit bleibt der Fellnase bei dem flotten Widder-Leben aber nicht gerade, um es sich in seinem Körbchen dauerhaft gemütlich zu machen.

Fazit: Wenn die nötigen Streicheleinheiten für das Krebs-Seelchen auch noch stimmen, dann kann bei dieser Verbindung fast nichts mehr schiefgehen.

♋

Stier: Hier sind keine Probleme zu erwarten, so liebevoll und zärtlich gehen diese beiden miteinander um. Sie brauchen auch nicht viele Worte, um sich zu verstehen, sie schwimmen einfach auf der gleichen Wellenlänge. Die Vorliebe für ein ruhiges und beschauliches Dasein teilen sie ohnehin.

Fazit: Ein Krebs-Hund wird bei einem Stier-Menschen genau das behagliche Plätzchen finden, das er zum großen Hundeglück benötigt. Die beiden sollten vor lauter Begeisterung für ihr trautes Heim nur nicht vergessen, dass es auch noch ein Leben außerhalb der eigenen vier Wände gibt.

Zwilling: Mit einem Zwilling-Menschen hat der Krebs-Hund im Allgemeinen gut Schwanzwedeln. Eifersüchtig wird allerdings der geliebte Zweibeiner bewacht, damit er nur ja keine fremde Fellnase streichelt oder gar füttert. Denn da hört der Spaß für den Krebs-Geborenen definitiv auf!

Fazit: Viel Nachsicht für seine Sperenzchen erhält der zartbesaitete Vierbeiner, allerdings gibt es dafür auch kein Pardon, wenn er zu sehr die leidende Diva raushängen lässt.

♋

Krebs: In puncto Gefühlstiefe kann den beiden keiner so leicht das Wasser reichen. Verwöhnen und Kuscheln stehen ganz oben auf der Wunschliste, und mit ausreichend Streicheleinheiten wird hier auch nicht gegeizt. Dafür haben die beiden immer Zeit!

Fazit: Trautes Heim, Glück allein. Hier herrscht eine tiefe Verbundenheit zwischen Mensch und Hund, die nicht unbedingt einen Fuß vor die Tür setzen, wenn sie einen schönen Garten haben.

♋

Löwe: Bei einem mondänen Löwe-Menschen als Herrchen oder Frauchen bekommt auch der eher schüchterne Krebs-Hund viel Schönes um die Ohren. Bei dieser Kombination gibt es keine Zeit für sentimentale Krebs-Gefühlsduseleien.

Fazit: Für den Krebs-Hund gilt: Runter vom Kuschelkissen, rein ins Glitzerhalsband und ab aufs gesellschaftliche Parkett. Ansonsten kann ihm mit seiner liebevollen Art der Zweibeiner fast keinen Wunsch verwehren.

Jungfrau: Ein Paradies der Sicherheit eröffnet sich dem Krebs-Hund beim Jungfrau-Menschen. Ein kuscheliges Plätzchen ist der Fellnase bei dem gut durchorganisierten Zweibeiner sicher. Rührend wird sich um Fiffi gekümmert und ein Engpass an Leckerlis ist auch niemals zu befürchten.

Fazit: Unstimmigkeiten oder gar Ärger wird es bei diesem Duo wohl eher nicht geben, da passt einfach alles.

♋

Waage: Der zurückhaltende Krebs-Geborene wird vom generösen Waage-Zweibeiner nach allen Regeln der Kunst aufs gesellschaftliche Parkett geführt. Frisch herausgeputzt flaniert das ungleiche Duo durch den Park und knüpft eifrig nette Kontakte.

Fazit: Selten wird die Zeit daheim vertrödelt, man hat ja schließlich so seine Verpflichtungen, bei denen die geliebte Fellnase natürlich immer dabei sein muss.

♋

Skorpion: Beim ausgedehnten Kuschelprogramm bleiben bei diesem Pärchen kaum mehr Wünsche offen. Da haben sich zwei richtig innig liebende Wesen gesucht und gefunden. Die besitzergreifende Art des Skorpions kann dem Krebs-Hund nur recht sein – sicher ist sicher!

Fazit: Der Skorpion-Zweibeiner hat viel Verständnis für die Feinsinnigkeit seiner Fellnase und gibt ihm den nötigen Rückhalt.

Schütze: Faul im Körbchen den Tag verschlafen ist mit einem Schütze-Zweibeiner nicht wirklich möglich. Dennoch wird der Krebs-Hund es sich bei jeder Gelegenheit gemütlich machen und so dem emsigen Schütze-Menschen das süße Nichtstun näherbringen.

Fazit: Gegensätzlicher könnten die beiden Charaktere nicht sein. Aber die Kombination Feuer und Wasser ist eine interessante Mischung, die keine Eintönigkeit aufkommen lässt.

♋

Steinbock: Mit seiner Mimosenhaftigkeit wird der Krebs-Hund beim Steinbock-Menschen möglicherweise auf taube Ohren stoßen. Daheim herrschen Disziplin und Ordnung und das ohne Gejammer! Aber zur Belohnung gibt es dafür dann auch etwas Feines in den Napf.

Fazit: Die schmusigen Annäherungen des Krebs-Hundes rühren das gut verborgene Steinbock-Herz. Dafür wird sich die Fellnase dann vielleicht nicht ganz so oft grübelnd im Körbchen verkriechen.

♋

Wassermann: Mit der freimütigen Lebensweise des Wassermann-Menschen muss sich die gefühlsbetonte Krebs-Fellnase erst einmal anfreunden. Doch schnell wird neues Terrain – wenn auch vorsichtig – sondiert und freudig eingenommen.

Fazit: Der Pioniergeist vom Wassermann und der Kuscheldrang vom Krebs-Vierbeiner können durchaus unter einen Hut gebracht werden. Also Ohren aufgestellt und rein ins Vergnügen!

♋

Fisch: Kuscheln oder verträumt einen Waldweg entlang spazieren, das sind mit Sicherheit die Lieblingsbeschäftigungen des Krebs-Fische-Pärchens. Wenn dann auch noch ausreichend fürs leibliche Wohl gesorgt ist, bleiben keine Hundewünsche mehr offen.

Fazit: Der Kuschelfaktor bei diesen beiden liegt definitiv im zweistelligen Bereich – mit Liebesbezeugungen wird dieses verschmuste Duo wohl kaum geizen!

Der Löwe-Hund 23.07.–23.08.

*A*us gutem Grund wird der Löwe als König der Tiere bezeichnet. Wenn Sie stolzer Besitzer eines mit solchen delikaten Eigenschaften ausgestatteten Hundes sind, wundern Sie sich nicht, wenn Ihr Löwe-Geborener majestätisch den Lauf der Dinge beherrschen will. Selbstbewusst und voller Würde wird er beim Gassigehen vor Ihnen herschreiten. Denn das »gewöhnliche Volk« sollte schon gebührend Abstand halten, wenn er seinen Geschäften nachgeht. Mit einem besonders schicken Halsband können Sie ihm den Starauftritt auf der Hundewiese noch versüßen. Egal ob es sich um einen Rassehund oder eine Promenadenmischung handelt: Der Löwe-Hund wird es wie ein Diadem tragen und königlich zur Schau stellen.

In ihm sind aber auch noch weitere positive Wesenszüge des strahlenden Tierkreiszeichens Löwe angelegt. Zum Beispiel wird er zum reinsten Schmusehund, wenn Sie ihn an seiner Lieblingsstelle kraulen. Dann scheint er wie ein Kätzchen vor Wonne zu schnurren, um sich im nächsten Augenblick seinem Spielzeug zuzuwenden, das nun plötzlich wichtiger erscheint.

Der Löwe-Geborene hat den Eindruck, dass er von sich aus der Welt viel zu schenken hat. Seine nonchalante Art verleiht seinem Wesen eine herzliche Ausstrahlung, der man sich schwerlich entziehen kann. Huldvoll wird er Ihnen neues Spielzeug abnehmen, denn er ist nicht nur verspielt, sondern liebt es auch, Geschenke zu bekommen.

Er steht äußerst gern im Mittelpunkt und treibt so allerhand Schabernack. Sie werden Augenblicke erleben, in denen Sie es nicht für möglich halten, dass Sie Ihren Lümmel auf vier Pfoten zähmen könnten. Doch mit viel Liebe, Zuneigung und vor allem Disziplin werden Sie sein goldenes Hundeherz für sich gewinnen und zusammen mit Ihm auf dem Familienthron herrschen. Seine wahre Löwen-Natur macht ihn zum Beschützer von Kind und Kegel. Er würde sich ohne mit der Wimper zu zucken opfern, wenn er Ihnen damit Leib und Leben retten kann. So macht er also seinem Namen als königlicher Wachhund alle Ehre.

Trotz seiner immensen Vitalität sollten Sie dafür sorgen, dass er genug Ruhepausen einlegt, er neigt sehr dazu, sich zu verausgaben. Seine Handlungsweise vermittelt in einer Eindeutigkeit seine Absichten, die so manchen Hundebesitzer zur Kapitulation zwingt. Glauben Sie also nicht, dass sich der Löwe-Hund mit dem Fressnapf im Maul mit einem kleinen Leckerli zufrieden geben wird! Er ist eine starke und eigensinnige Persönlichkeit, die nur selten einlenkt oder sich gar unterordnet.

Sein selbstverständliches und unnachgiebiges Verhalten vermittelt auch fremden Hunden eine eindeutige Position. Allein durch sein majestätisches Auftreten macht er seinen Anspruch geltend. Wenn Sie nicht frühzeitig die Machtverhältnisse zwischen Ihnen beiden klären, bringt Ihnen Ihr Hund nicht wie gewünscht die Hausschuhe ans Bett, sondern Sie ihm den Napf an sein Körbchen.

Wie passen Sie zum Löwe-Hund?

Sie sind ...

Widder: Majestätisch beschreitet der Löwe-Hund, gefolgt von seinem nicht minder imposanten Besitzer, die Hundewiese. Beinahe ehrfürchtig werden sie beäugt, ob sie auch in Plauder- und Spiellaune sind, bevor man sich ihnen bedächtig nähert.

Fazit: Nichts und niemand kann dieses Power-Pärchen leicht aus der Bahn werfen. Wenn allerdings zwei so ausgeprägte Charaktere ihren Willen messen, kann es gelegentlich schon einmal heftig scheppern; danach herrscht dafür aber auch gleich wieder traute Einigkeit.

♌

Stier: Bei einem ruhigen und ausgeglichenen Stier-Besitzer hat der Löwe-Hund gewiss kein schlechtes Hundeleben zu beklagen. Das Motto »Genuss pur« haben sich beide als Lebensdevise auf ihre Fahnen geschrieben, und bekanntlich macht das Genießen ja zusammen am meisten Spaß!

Fazit: Der gutmütige Stier-Zweibeiner lässt dem Löwe-Hund genügend Freiheit, sein Ego weitgehend auszuleben, und ein Hundeleben de luxe bekommt dieser obendrein auch noch geboten.

Zwilling: Dröge wird es bei diesen beiden umtriebigen Zeitgenossen gewiss nicht. Der Zwilling-Mensch kann sich täglich über seine pompös anmutende Fellnase freuen, die ihm viel schmeichelhaftes Feedback von außen beschert.

Fazit: Die Unbeschwertheit und Vielseitigkeit des Zweibeiners kommt dem mondänen Löwe-Hund mehr als nur ein bisschen entgegen.

♌

Krebs: Liebevoll wird die Fellnase vom Krebs-Menschen gehegt und gepflegt und bekommt beinahe jeden Wunsch von den treuen Hundeaugen abgelesen. Was den Zweibeiner allerdings schon mal die Krebsscheren ausfahren lässt, sind die waghalsigen Egotrips seiner hochtrabenden Fellnase.

Fazit: Das ist genau so ein königliches Dasein, wie es der Löwe-Hund liebt! Hoffentlich gerät bei der hingebungsvollen 24-Stunden-Betreuung nicht in Vergessenheit, wer hier der Chef im Haus ist.

♌

Löwe: Dass diesen beiden nicht gleich der rote Teppich beim Gassigehen ausgerollt wird, ist ein wahres Wunder. Denn Glanz und Gloria verbreiten die beiden Löwe-Geborenen. Und dies selbst, wenn sie frühmorgens noch halb verschlafen durch den Park wackeln sollten.

Fazit: Dieses Duo verbreitet mit solch einer Natürlichkeit majestätische Präsenz, dass sich ihnen kaum einer in den Weg zu stellen traut. Bei einer Hundeausstellung stiehlt ihnen wohl kaum einer so leicht die Show!

Jungfrau: Penibel wird der Jungfrau-Mensch darauf achten, dass es seiner mondänen Fellnase auch ja richtig gut geht. Aufmüpfiges und herrisches Verhalten beim Gassigehen wird dagegen eher weniger geduldet. Da weiß sich der resolute Zweibeiner dann doch durchzusetzen.

Fazit: Der Jungfrau-Besitzer wird der hochmütigen Leichtsinnigkeit seines Vierbeiners rechtzeitig Einhalt gebieten und ihm so nicht nur einmal das Fell retten. Ansonsten läuft es mit den beiden aber fast immer völlig reibungslos ab.

♌

Waage: Der gepflegte Lebensstil des Waage-Besitzers passt der würdevollen Fellnase äußerst gut in den Kram. Frisch frisiert und wohl genährt – nur vom Feinsten natürlich – eignet sich der Löwe-Hund überaus gut als schmucke Begleitung an der Seite seines äußerst gepflegten Zweibeiners.

Fazit: Das charmante Vorgehen des Waage-Besitzers bringt selbst den unnachgiebigen Löwe-Hund zum Einlenken. Eine wahrlich lebenslustige und extravagante Verbindung!

♌

Skorpion: Diese beiden sind stolze und entschlossene Zeitgenossen, die niemals klein beigeben. Wenn sie jedoch schon früh erfolgreich eine Hundeschule besuchen, dann wird es beim Spazierengehen kein Zerren und Ziehen geben.

Fazit: Mit einer Riesenpackung Toleranz werden die beiden ein interessantes und aufregendes Zusammenleben genießen können! So bleibt dann auch mehr Zeit für Spiel und Spaß, anstatt überflüssige Kämpfe um den Alpharang auszutragen.

♌

Schütze: Allzeit auf der Suche nach Interessantem wird der Schütze-Mensch von seiner großherzigen Fellnase auf Schritt und Tritt begleitet. Die großspurigen Darbietungen seines Vierbeiners auf der Hundewiese wird der Schütze-Besitzer aber nur mit einem milden Lächeln quittieren und ihm nur bei wirklich indiskutablen Szenen Einhalt gebieten.

Fazit: Wenn der Löwe-Hund nur genug Bewunderung vom geliebten Zweibeiner erhält, ist er auch bereit, ihm bis ans Ende der Welt nachzutrotten. Eine besonders feurige Verbindung!

♌

Steinbock: Theatralische Auftritte vom Löwe-Hund stehen bei einem Steinbock-Besitzer nicht besonders hoch im Kurs. Wie schade also für ihn, dass sich der geliebte Zweibeiner da auf keinerlei Kompromisse einlässt. Zu gern würde Fiffi öfter mal in der Öffentlichkeit den dicken Max rauskehren.

Fazit: Schnell sind alle bühnenreifen Eskapaden vergessen, wenn die großherzige Fellnase seinen Steinbock-Besitzer als Ausgleich mit mächtig viel Hundeliebe überschüttet. Denn daheim ist er schließlich der absolute und unangefochtene King.

Wassermann: Durchaus gut Hundekuchen essen hat der Löwe-Hund mit einem Wassermann-Menschen im Schlepptau. Sein exzentrisches Verhalten und sein überdurchschnittliches Selbstbewusstsein wird ihm sein Besitzer bestimmt nicht übel nehmen.

Fazit: Massig Freiheiten genießt der Löwe-Hund bei seinem äußerst liberalen Zweibeiner – vorausgesetzt, er übertreibt es nicht allzu sehr mit seinem aufschneiderischen Gehabe!

♌

Fisch: Bei diesem Gespann ist es nicht immer ganz klar, wer bestimmt, wo es langgeht. Der weichherzige Fische-Zweibeiner bringt es fast nicht übers Herz, seine draufgängerische Fellnase zurechtzuweisen, wenn es mal wieder bitter nötig ist.

Fazit: Ein guter Hundetrainer kann helfen, wenn sich König Fiffi wie eine tollwütige Dogge aufführt und auf Krawall gebürstet ist. Mit etwas Gelassenheit profitieren aber beide sehr von ihrer Verschiedenartigkeit.

Der Jungfrau-Hund 24.08.–23.09.

*E*ine Fellnase unter dem Tierkreiszeichen Jungfrau ist das geborene »Heimscheißerle«, er verrichtet am liebsten seine Geschäfte am gleichen Platz. Und wehe, es geht nicht pünktlich Gassi oder der Fressnapf wird nicht rechtzeitig gefüllt, dann Gnade Ihnen der Hundehimmel, denn Ordnung muss sein!

Ansonsten können Sie sich freuen, einen Jungfrau-Geborenen an der Leine zu haben, denn er wird Ihnen äußerst selten Schwierigkeiten bereiten. Es ist ihm ein Bedürfnis, Ihnen zu gehorchen und sich nützlich zu machen, vor allem, wenn er dazu seinen Verstand gebrauchen darf. Der Jungfrau-Hund hat ein munteres und aufgewecktes Wesen, das aber in ruhigen und friedfertigen Phasen durchaus auch seine Abwechslung findet. Er ist überaus vorsichtig und mit Sicherheit nicht vor Ihnen an der Haustür, wenn der Postmann zweimal klingelt. Eher wird er Sie aus zweiter Reihe beschützen. Immerhin!

Auch bei der Begegnung mit anderen Hunden wartet er lieber erst mal ab, wie sich der fremde Vierbeiner ihm annähert. Der Jungfrau-Hund ist wahrlich kein Draufgängertyp, eher etwas schüchtern und manchmal fast zu zurückhaltend. Als Angsthase muss man ihn deshalb zwar noch lange nicht bezeichnen, doch Vorsicht ist halt nun mal die Mutter der Porzellankiste.

Daheim und in vertrauter Umgebung ist davon allerdings nichts zu merken. Er lässt sich zwar nicht von jedem gleich streicheln, aber wenn er jemanden erst einmal gut genug beschnuffelt und kennengelernt hat, wird er dafür sehr zutraulich. Ein Jungfrau-Geborener braucht Sicherheit und einen geregelten Tagesablauf so dringend wie die Luft zum Atmen. Sonst reagiert er nervös und wird schnell anfällig für Verdauungsstörungen. Auch hypochondrische Anwandlungen können auf der Tagesliste stehen, wenn er verunsichert ist oder sich nicht ausreichend beachtet fühlt.

Der Jungfrau-Hund ist ein wählerisches Fellnasen-Exemplar. Er schnüffelt bedächtig an einem angebotenen Leckerbissen, um zu prüfen, ob er auch gut genug für ihn ist. Und wenn ihm das angebotene Futter nicht nach der Nase steht, wird er sich pikiert abwenden, egal wie hungrig er sein sollte. Während andere Hunde sich in Sekunden den Bauch mit allem, was man ihnen vorsetzt, vollschlagen, entpuppt er sich beim Fressen als heikler Zeitgenosse, der definitiv keinen Mülleimer anrührt. Hüten Sie sich also vor Sonderangeboten beim Futterkauf, denn wenn es ihm nicht mundet, lässt er es einfach stehen. Vielleicht mit dem Hintergedanken, dass es von alleine weglaufen und Platz für das Richtige machen könnte. Bleiben Sie deshalb lieber bei der gewohnten Nahrung, die für ihn appetitlich riecht und ihm garantiert keine Bauchschmerzen bereitet. Auch Einbrecher haben bei ihm wahrlich schlechte Karten, wenn sie nicht das »richtige« Leckerli dabei haben; da ist der Jungfrau-Hund ganz wachsam und unbestechlich!

Wie passen Sie zum Jungfrau-Hund?

Sie sind …

Widder: Mal eben schnell durch den Wald zu hecheln, ist für den Jungfrau-Hund mit einem fixen Widder-Menschen eher suboptimal. Zu gern würde die sorgfältige Fellnase die Hundezeitung etwas gründlicher studieren.

Fazit: Mit dem unternehmungslustigen Widder wird der vorsichtige Jungfrau-Hund lernen, alles spontaner und direkter anzugehen. Dafür punktet die Fellnase mit großer Gelehrigkeit und gibt sich meist recht pflegeleicht.

♍

Stier: Krümel neben dem Napf liegen zu lassen, ist beim Jungfrau-Hund fast ein Ding der Unmöglichkeit. Offen bleibt allerdings, ob er so ordentlich oder doch eher einfach nur hungrig ist – was dem praktisch orientierten Stier-Menschen im Endeffekt aber so oder so nur entgegenkommt.

Fazit: Hier findet sich ein gutes Team, das sich nicht nur beim Spazierengehen im Gleichschritt einig ist, sondern sich auch sonst in vielen Punkten fabelhaft ergänzt.

Zwilling: Aufgepasst und schnell bei Fuß, lieber Jungfrau-Hund, sonst ist ganz fix der Anschluss an den flotten Zwilling-Besitzer verpasst. Gründlich jede Marke studieren zu können, fällt bei dieser Geschwindigkeit leider definitiv aus.

Fazit: Keinesfalls dröge ist ein Jungfrau-Hund-Leben an der Seite eines Zwilling-Besitzers! Die lernbegierige Fellnase lässt sich gern dazu abrichten, dem viel beschäftigten Zweibeiner auf Wunsch alles Liegengelassene hinterherzutragen.

♍

Krebs: Lieber gekrault werden oder vielleicht doch eher vom Selbstgekochten naschen? Mit so schwierigen Fragen wie dieser hat sich ein Jungfrau-Hund tagtäglich auseinanderzusetzen, wenn er es mit einem so herrlich zuvorkommenden Krebs-Menschen zu tun hat.

Fazit: Bei einem so perfekten Duo kann man nur gratulieren, dass sich die unkapriziöse Fellnase so ein schönes, kuscheliges Plätzchen ergattert hat! Und der Krebs ist auch wunschlos glücklich mit seinem ergebenen Vierbeiner.

♍

Löwe: Gern wird der Jungfrau-Hund brav hinter seinem würdevollen Löwe-Menschen hertippeln. Herrchen oder Frauchen die Show zu stehlen, ist nicht so sein Ding, in der zweiten Reihe aufmerksam Geleitschutz zu geben, dafür umso mehr!

Fazit: Im Jungfrau-Hund hat der Löwe-Besitzer einen treu ergebenen und loyalen Freund fürs Leben gefunden, der ihn Tag für Tag schwanzwedelnd anhimmelt.

♍

Jungfrau: Wie Siamesische Zwillinge sind Jungfrau-Hund und Jungfrau-Mensch sich wortlos einig. Jeder darf seine Eigenheiten ausleben, ohne dass daran Anstoß genommen wird. Emsig nimmt die eifrige Fellnase jegliches Angebot an, Kunststückchen zu erlernen, um auch ja zu gefallen.

Fazit: Ein interessantes Pärchen, das sich gesucht und gefunden hat. Unstimmigkeiten sind da so selten wie eine freilaufende Katze im Hundezwinger.

♍

Waage: Auf seidige Kissen gebettet, würde der Jungfrau-Hund bei einem Waage-Menschen am liebsten die meiste Zeit des Tages verschlafen. Nur bietet sich mit einem viel beschäftigen Waage-Besitzer leider nicht sehr oft die Möglichkeit, das Designer-Hundebettchen zu okkupieren.

Fazit: Ein sorgenfreies, fast schon luxuriöses Leben hat der Jungfrau-Hund bei seinem liebevollen Waage-Menschen gefunden. Anstoß zu Missstimmungen gibt es bei dieser Konstellation zweifellos keine.

Skorpion: Gern treibt der ausgeschlafene Jungfrau-Hund so seine Spielchen mit dem Skorpion-Besitzer. Obwohl er grundsätzlich recht folgsam ist, möchte er doch auch immer wieder sein Hundeköpfchen anstrengen, das ist für ihn schließlich das absolute Sahnehäubchen. Denn sich einfach nur an der Nase herumführen lassen möchte dieser scharfsichtige Vierbeiner nicht.

Fazit: Wenn es dem Skorpion-Herrchen oder -Frauchen nicht zu bunt mit der oberschlauen Fellnase wird, dann haben beide sicherlich richtig Spaß am Spiel.

♍

Schütze: Den zielstrebigen Schütze-Menschen zieht es in die Ferne und eifrig tippelt ihm seine feinspürige Fellnase hinterher. Aber gelegentlich ist dem auf Vorsicht bedachten Vierbeiner das zügellose und unberechenbare Leben des Schütze-Besitzers doch nicht so ganz geheuer.

Fazit: Bei der genialen Schützen-Hilfe kann selbst der überaus achtsame Jungfrau-Hund mutig neue Wege beschreiten. Es bleibt ihm aber auch gar nichts anderes übrig, denn Herrchen oder Frauchen nehmen ihn schließlich immer überall hin mit.

♍

Steinbock: Hand in Pfote läuft hier das gemeinschaftliche Projekt Hund-Mensch-WG. Schließlich sind beide praktisch und außerordentlich genügsam veranlagt. Denn anstatt Luftschlössern hinterherzujagen, sind sie einfach mit dem glücklich, was sie aneinander haben.

Fazit: Der meist zufriedene Jungfrau-Hund kann sich mit seinem geradlinigen Steinbock-Zweibeiner bestens arrangieren. Beide blühen in dieser felsenfesten sechsbeinigen Partnerschaft geradezu auf.

♍

Wassermann: Das Zusammenleben mit einem unberechenbaren Wassermann-Zweibeiner ist für den Jungfrau-Hund, der die Regelmäßigkeit schätzt, eine tagtägliche Herausforderung. Aber keine, die nicht mit ein bisschen gutem Willen zu meistern wäre.

Fazit: Trotz seines Lebensmottos »Lebe lieber ungewöhnlich!« bekommt der Wassermann-Mensch mit einer Jungfrau-Fellnase zweifelsohne Rhythmus ins kunterbunte Dasein. Die Fellnase macht dafür einen Quantensprung in Sachen Flexibilität, sodass ihre Unterschiedlichkeit für beide weniger Risiko als vielmehr Chance ist.

♍

Fisch: Dem tagträumerischen Fische-Menschen schnurstracks hinterher auf die Blumenwiese zu folgen – das ist eine der leichtesten Übungen für den unkomplizierten Jungfrau-Hund. Was kann es auch Schöneres geben, als sich mit dem geliebten Zweibeiner weitgehend treiben zu lassen?

Fazit: Bei der dahinfließenden Lebensweise eines Fische-Herrchens oder -Frauchens wird der achtsame Jungfrau-Hund öfter mal die Bremse reinhauen und etwas Gleichmaß beisteuern. Dafür gibt es dann ab und zu mal auch einen unverhofften Mitternachtssnack oder ein Picknick auf einer sonnigen Waldlichtung.

Der Waage-Hund 24.09.–23.10.

Auf charmante Art und Weise wird sich Ihr Waage-Geborener Beachtung verschaffen und sich mit seinem sonnigen Wesen in aller Herzen einschleichen. Es wird kein anderes Thema mehr für Sie geben als Ihren sanften und liebenswürdigen Vierbeiner. Trotz seiner ungezwungenen und verspielten Art bedarf er aber ganz besonders vieler Liebe, Schutzes und Zuneigung, vor allem als Welpe, sonst wird er misstrauisch oder gar bissig.

Beim Spielen mit Gleichgesinnten fällt er durch sein soziales Verhalten angenehm auf und findet sich schnell in die verschiedenen Rangordnungen ein. Der Waage-Hund ist somit auch ein begehrter Spielkamerad, kaum einer wird nicht mit ihm auf der Wiese herumtollen wollen. Er ist alles andere als ein Raufbold und kommt daher auch nicht gut mit Übergriffen anderer klar. Schnell sucht er das Weite, wenn ihm einer nach dem Fell trachtet.

Sein hohes Maß an Anpassung grenzt schon fast an Selbstaufgabe. Denken Sie daran, ihn rechtzeitig vor die Tür zu setzen, nicht dass er elementarste Bedürfnisse zurückstellt, nur um mit Ihnen ausgiebig zu kuscheln, und dabei verdrängt, seine Geschäfte zu erledigen. Er ist sehr sensibel, raue Worte oder eine barsche Tonart verschrecken ihn. Harmonie ist sein Lebenselixier und schon die kleinste Unstimmigkeit bringt ihn aus dem Gleichgewicht. Man könnte ihn beinahe schon als harmoniesüchtig bezeichnen, wenn er freundlich schwanzwedelnd von einem zum anderen läuft, um die gute Stimmung zu retten. Er leidet tierisch unter Streitig- oder Unstimmigkeiten in seinem Umfeld. Fremden gegenüber ist er mehr als aufgeschlossen und lässt sich von jedem gleich streicheln, der ihm Sympathie entgegenbringt. Nicht selten wird

er deswegen – ungerechterweise – als »Gigolo« oder »Luder« bezeichnet.
Wenn der Waage-Hund bei einem langen Spaziergang das Trödeln anfängt, liegt das nicht an einer schlechten Fitness, sondern daran, dass er seine Akkus auflädt und dann nur langsam die vielen aufregenden Eindrücke seiner Umgebung aufnehmen kann. Stellen Sie ihm immer nur eine Sorte Futter vor die Hundenase, denn er ist äußerst unentschlossen und wird von einer gewissen Vielfalt nur überfordert – für ihn ist es im wahrsten Sinne des Wortes »die Qual der Wahl«. Ebenso verhält es sich, wenn Sie ihm mehr als ein Spielzeug anbieten – also am Besten immer nur eins nach dem anderen. Denn was er mit Sicherheit nicht kann, ist, sich rasch zu entscheiden. Nehmen Sie ihm also diese schwere Bürde gleich von vornherein ab, indem Sie ihm klipp und klar sagen, was er zu tun und was er zu lassen hat. Nicht, dass Sie Ihren Waage-Hund unwissentlich noch für eigensinnig halten, nur weil ihn eine zu große Auswahl verwirrt. Er braucht Sie unbedingt als Manager, und das in allen Lebenslagen.

Sehr leicht läuft man als stolzer Waage-Hund-Besitzer Gefahr, seinen Liebling zu sehr zu verhätscheln. Er braucht zwar nicht wirklich Disziplin, aber ihm jeden Wunsch von den Augen abzulesen, hat natürlich nichts mit wahrer Hundeliebe zu tun. Zugegebenermaßen ist es aber wahrlich nicht einfach, einem so sanftmütigen Engel wie ihm nicht auf den Leim zu gehen! Also passen Sie gut auf, vor allem, was das Fressen betrifft, sonst haben Sie bald eine schwer schnaufende Schlummerrolle an der Leine hängen.

Wie passen Sie zum Waage-Hund?

Sie sind …

Widder: Der harmoniebedürftige Waage-Hund ist mit seinem manchmal etwas weniger zartfühlenden Widder-Menschen leicht überfordert. Dafür wären dem Widder-Besitzer ein bisschen mehr Angriffslust und Pfeffer im Hundepopo lieber.

Fazit: Die Sanftmut des Waage-Vierbeiners bringt den leicht in Rage geratenden Widder-Besitzer schnell wieder von der Palme herunter. Die manchmal fast zu ruhige Fellnase erhält dafür einen mächtigen Energiekick vom Zweibeiner.

♎

Stier: Der Waage-Hund verleiht seinem bodenständigen Stier-Zweibeiner einen Hauch von schillerndem Flair. Denn selbst wenn er mal matschverklebt sein sollte, macht er immer noch eine glänzende Figur. Und kulinarisch bleiben für ihn bei der grandiosen Verpflegung des Zweibeiners fast keine Wünsche offen. Vorausgesetzt, es gibt im Zweifelsfall eher Filet als Dose.

Fazit: Hier trifft Genuss auf Charme – eine äußerst interessante Mischung, gepaart mit einer Extraportion Harmonie. Selten wird es bei den beiden lautstark zugehen, da sie sich beinahe grundsätzlich einig sind.

Zwilling: Wenn man selbst bei Sauwetter einem immer gut gelaunten Pärchen im Park begegnet, dann ist das mit Sicherheit ein Waage-Hund mit seinem Zwilling-Besitzer. Denn selbst ein Blizzard wird ihnen die gute Laune nicht verderben. Immerhin könnte man ja selbst dann noch etwas Aufregendes erleben!

Fazit: Sonnige Einigkeit herrscht bei diesem freundlich angehauchten Duo. Ein erheiternder und freimütiger Umgang ist die glorreiche Basis des freudvollen Zusammenlebens dieser beiden.

♎

Krebs: Der Waage-Hund steht nicht ganz so sehr auf den engen Kuschelkurs des Krebs-Besitzers. Denn Fiffi zieht es eher vor, sich die gewünschten Streicheleinheiten ganz nach Bedarf abzuholen. Doch letztendlich lässt er sich mit diversen Schmeicheleien doch noch herumkriegen, ein bisschen gekrault zu werden.

Fazit: Rührend wird sich um die charmante Fellnase gekümmert. Was immer gut ankommt, ist Selbst gekochtes vom Zweibeiner, auch wenn die Hundeküsschen nicht immer ganz so stürmisch ausfallen, wie es dem Krebs-Menschen gefallen würde.

♎

Löwe: Keine schlechten Karten hat der großzügige Löwe-Zweibeiner bei einem sonnigen Waage-Gemüt. Komplimente und ein sanfter Umgang sind für ihn ebenso wichtig wie der tägliche wohlschmeckende und -riechende Hundekuchen. Und Herrchen oder Frauchen kann sich mit seinem eleganten Prachtstück überall blicken lassen.

Fazit: Der liebenswerte Waage-Hund hat die angenehme Gabe, dem mondänen Löwe-Menschen Ruhe ohne Langeweile zu vermitteln, und das auch noch auf betont elegante Weise. Dafür bekommt Fiffi aber auch ein Hundeleben de luxe geboten.

♎

Jungfrau: Die coole Ernsthaftigkeit der menschlichen Jungfrau schmeckt der locker-flockig-leichten Waage-Fellnase nur bedingt. Zu gern würde sie oft noch länger über die Hundewiese schlendern, wenn der pflichtbeflissene Jungfrau-Mensch schon wieder zum Aufbruch pfeift.

Fazit: Der unbeschwerte Waage-Hund bringt das geordnete Jungfrau-Leben nicht sonderlich ins Wanken, schließlich verschönert er das gemeinsame Dasein mit seiner Feinsinnigkeit. Der Zweibeiner dagegen bringt jegliche Führungsqualitäten mit, die dafür sorgen, dass nichts aus dem Ruder läuft.

♎

Waage: Hier verlässt keiner ungekämmt das Haus. Brav geht der anmutige Waage-Hund an der Nappalederleine mit dem adretten Zweibeiner flanieren. Dass Fiffi nur vom Feinsten bekommt, versteht sich quasi von selbst.

Fazit: Auch wenn das schicke Duo einmal in einen Regenschauer geraten sollte, sieht es danach faszinierenderweise immer noch wie aus dem Ei gepellt aus. Kein Wunder also, dass beide einen ebenso gepflegten wie auch kultivierten Umgang bevorzugen.

Skorpion: Allzu viel Spielraum hat der liebenswürdige Waage-Vierbeiner an der kurz gehaltenen Skorpion-Leine eher nicht. Es bleibt ihm allerdings die leidige Qual der Wahl erspart, denn der zielsichere Skorpion-Zweibeiner erledigt das gern für ihn, wenn Fiffi sich mal wieder nicht entscheiden kann.

Fazit: Der nicht unbedingt zu emotionalen Ausbrüchen neigende Skorpion-Besitzer wird von der Weichherzigkeit seines zarten Waage-Hundes in rosa Watte gepackt. Das ist auch gut so, denn Widerstand wäre bei diesem Stachelträger ohnehin zwecklos. Aber wenn schon brav gehorchen, dann bitte mit Stil und Klasse!

♎

Schütze: Von der Begeisterung des allzeit optimistischen Schütze-Zweibeiners mitgerissen, spielt die Wankelmütigkeit des Waage-Hundes keine Rolle. Ab in den Wald oder doch lieber ins Getümmel stürzen? Mit einem Schütze-Menschen ist selbst der Spießrutenlauf in der Fußgängerzone ein lustiges und aufregendes Erlebnis.

Fazit: Der Waage-Hund bringt Ausgewogenheit und Einklang ins rasante Schütze-Dasein. Und wenn es mal wieder keiner daheim aushält, kann man es sich ja durchaus auch in einem Straßencafé gemütlich machen.

♎

Steinbock: Es ist nicht immer leicht für die Waage-Fellnase, mit einem Steinbock-Besitzer im Gleichgewicht zu bleiben. Denn viel lieber würde Hund beim Gassigehen alle Gleichgesinnten mehr als ausgiebig begrüßen, anstatt auf Menschenwunsch hin zielstrebigen Schrittes die Runde zu beenden.

Fazit: Die lebenslustige Fellnase bringt dem beherrschten Steinbock-Menschen eine locker-leichte Lebensweise näher, auf die er nie wieder verzichten möchte. Dafür hat sich Fiffi dann aber auch lebenslang ein tägliches Leckerli verdient.

♎

Wassermann: Gehen wir die kleine oder die große Runde? Oder doch nur kurz über die Straße zum Kiosk, die Zeitung holen? Mit einem unberechenbaren Wassermann-Herrchen oder -Frauchen sind die Ausgleichsversuche eines ausgewogenen Waage-Hundes nur mäßig von Erfolg gekrönt. Daran kann also ruhig noch ein bisschen gearbeitet werden.

Fazit: Es ist gar nicht so einfach, den ständig von Unruhe heimgesuchten und wissbegierigen Wassermann-Besitzer einzupendeln. Im Gegenzug für eine gewisse Unsicherheit bieten sich der Fellnase dafür aber auch alle Freiheiten, die das Hundeherz begehrt!

♎

Fisch: Locker-flockig geht es bei der Kombination Waage-Hund und Fische-Mensch zu. Selbst nervige Erledigungen sind mit der aufgeweckten Fellnase im Schlepptau das reinste Vergnügen. Denn mit seien charmanten Liebesbekundungen trifft der Waage-Hund beim Fische-Menschen genau des Pudels Kern!

Fazit: Die fischige Hingabe des Zweibeiners fällt bei dem zarten Waage-Hund auf fruchtbaren Boden. Zu zweit gut gelaunt den Tag im Grünen zu vertrödeln, am liebsten gar bei Sonnenschein, das ist genau ihr Ding.

Der Skorpion-Hund 24.10.–22.11.

Ein Vierbeiner mit der Sonne im Skorpion ist garantiert nichts für Warmduscher, sein außerordentlich starker Wille und seine Kompromisslosigkeit werden Sie als sanften Hundebesitzer schier verschlingen. Fragen Sie im Zweifelsfall also besser nach dem genauen Geburtsdatum Ihres Welpen, wenn es sich um einen Ende Oktober oder November Geborenen handelt. Denn nur so können Sie sicher sein, gegebenenfalls nicht doch noch einen charmanten Waage- oder vielleicht schon einen aufgeweckten Schütze-Hund an der Leine zu haben. Wenn es sich tatsächlich um einen Skorpion handelt, dann dürfen Sie sich auf einiges gefasst machen, wenn Sie zu zart besaitet sind. Wer allerdings ein unerschrockenes und leidenschaftliches Temperament an einem Hund schätzt, den wird er garantiert nicht enttäuschen.

Der Skorpion-Hund braucht strenge Disziplin, gepaart mit viel Liebe und Nachdruck. Sie werden lernen müssen, sich seinem hypnotischen Blick zu entziehen und Ihren Willen durchzusetzen. Denn nur ein starkes Herrchen oder Frauchen wird von ihm bewundert und als Rudelführer akzeptiert. Dieses Kräftemessen wird er bis an sein Lebensende mit Ihnen durchziehen. Also trainieren Sie sich schon mal einen starren, bestimmenden Blick mit zusammengebissenen Zähnen und einem verständnisvollen Lächeln an. Dann haben Sie schon halb gewonnen!

Mit seinem instinktiven Gespür für Stimmungen wird er Sie oft überraschen, und in Augenblicken des Unglücklichseins schenkt er Ihnen mit seiner Nähe Kraft und Stärke. Seien Sie vorsichtig mit lauwarmen Liebesbekundungen, denn er fühlt ganz genau, was

Sie für Ihn empfinden, und wird bei Halbherzigkeiten zu Tode gekränkt sein. Seine Leidenschaftlichkeit lässt ihn eifersüchtig darüber wachen, wer in Ihre Nähe kommen darf und wer nicht. Auch mit einem neuen Hund in der Familie, aus seiner Sicht also einem Rivalen, kann er nur schwer leben. Dann müsste er ja Ihre Aufmerksamkeit und Zuneigung teilen!

Ein Skorpion-Hund ist zäh und wild entschlossen, wie ein Staubsaugervertreter an der Haustür. Sie werden nicht darum herumkommen, mit ihm zu spielen, wenn er Ihnen den Ball bringt. Da wird auch nicht die Ausrede akzeptiert, dass Sie eilig zur Arbeit müssen, um seinen Fressnapf auch in Zukunft gut füllen zu können. Zumindest ein paar Mal werden Sie seinen Ball schon werfen müssen, sonst wird er Sie eine ganze Weile mit Missachtung strafen. Und eines ist sicher: Diese Zeit wird Ihr Skorpion-Geborener besser überstehen als Sie. Da ist er eiskalt wie eine Hundeschnauze!

Unerwünschten Besuch wird er Ihnen praktischerweise ganz leicht vom Hals halten. Und wer erst einmal in die Höllenhundaugen Ihres Skorpions geblickt hat, der wird bestimmt nicht mehr bei Ihnen ungebeten klingeln. Ganz egal ob es sich bei Ihrem Verteidiger um einen Westhighland-Terrier oder um einen Wolfshund handelt.

Wie passen Sie zum Skorpion-Hund?

Sie sind ...

Widder: Der Widder verfügt bekanntlich über einen ausgesprochenen Sturkopf und lässt sich daher selbst von einem mit allen Wassern gewaschenen Skorpion-Hund wohl kaum ins Bockshorn jagen. Bei Machtspielchen zieht die angriffslustige Fellnase also definitiv den Kürzeren.

Fazit: Die Hitzköpfigkeit seines immer unter Strom stehenden Skorpion-Hundes kann den willensstarken Widder-Besitzer schon mal den letzten Nerv kosten. Aber so turbulent es bei diesem Duo auch zugehen mag, die beiden halten letzten Endes doch zusammen wie Pech und Schwefel!

♏

Stier: Mit einer unbeherrschten Skorpion-Fellnase bei Fuß hat die favorisierte Bequemlichkeit des gemütlichen Stier-Menschen ihr jähes Ende gefunden. Und leichtfertige Nachgiebigkeit des liebevollen Besitzers wird von dem militanten Stachelträger höchstens schamlos ausgenutzt.

Fazit: Spannende Zeiten stehen dem verschiedenartigen Paar bevor, doch die Gemütsruhe des Stier-Zweibeiners ist ein guter Ausgleich für die Zügellosigkeit seines leidenschaftlichen Skorpion-Hundes.

Zwilling: Mit dem raffinierten Skorpion-Hund hat der leichtlebige Zwilling-Besitzer bei mangelnder Durchsetzungskraft ein mittelkleines Problem. Da helfen nur Einzelstunden in der Hundeschule für den Vierpföter. Oder doch lieber Hanteltraining des Zweibeiners für einen starken Griff an der Hundeleine?

Fazit: Es gleicht einem Eiertanz, dem ausgebufften Vierbeiner die allzu große Bewegungsfreiheit zu gewähren. Schließlich stößt man bei ihm auf taube Hundeohren, wenn er erst einmal Witterung aufgenommen hat – und das ist bei ihm quasi immer der Fall!

♏

Krebs: Krebs-Zweibeiner wissen den leidenschaftlichen Skorpion-Hund sehr gut zu nehmen. Mit Engelszungen wird der kleine Liebling bei mieser Hundelaune so lange umgarnt, bis er wieder freundlich schwänzelt, anstatt dem verhassten Nachbarshund ein Fellbüschel auszureißen.

Fazit: Der umtriebige Skorpion-Hund lässt keine Lethargie beim Krebs-Menschen aufkommen, da dieser immer damit beschäftigt sein wird, seine kleine Giftspritze zu besänftigen.

♏

Löwe: Auf Teufel komm raus wird der Skorpion-Hund mit seinen zügellosen Eskapaden dem Löwe-Besitzer einheizen. Da beide mit einer unumstrittenen Eigenliebe glänzen, scheinen kleinere Querelen bei dieser explosiven Mischung vorprogrammiert.

Fazit: Nur mit königlicher Gleichmut kann es der Löwe-Zweibeiner schaffen, dem Skorpion-Geborenen letztendlich Einhalt zu gebieten. Doch ab und zu lechzt die aufmüpfige Fellnase trotzdem nach einem Rüffel – das wird dann einfach würdevoll mit ins Protokoll aufgenommen und umgesetzt.

♏

Jungfrau: Sehr empfehlenswert für einen unbeherrschten Skorpion-Hund ist ein umsichtiger Jungfrau-Zweibeiner, der ihn geschickt an allen haarigen Situationen im aufregenden Hundeleben vorbeilenkt.

Fazit: Zwar nicht ganz allürenfrei, aber doch in einem sinnvollen Rahmen wird sich der Skorpion-Hund von seinem beharrlichen Jungfrau-Besitzer leiten lassen. Dabei kann der gewiefte Vierbeiner zwar durchaus seine Spielchen mit ihm treiben, aber nur, wenn er sich andererseits auch an gewisse Verhaltensregeln hält.

♏

Waage: Als zäher Brocken entpuppt sich der provokante Skorpion-Vierbeiner für einen soglosen Waage-Besitzer. Halbherzige Kompromisse sind bei dem herausfordernden Skorpion alles andere als empfehlenswert. Durch diese Rosskur muss der Waage-Zweibeiner wohl oder übel durch.

Fazit: Damit der Haussegen nicht ständig schief hängt, sollte sich der Waage-Mensch liebevoll bemühen, seinem kleinen Giftzwerg etwas Manieren beizubringen. Schließlich will man sich ja mit Hund überall stressfrei sehen lassen können.

Skorpion: Bei dieser Verbindung treffen zwei sehr leidenschaftliche und besitzergreifende Wesen aufeinander. Angriffslustig und hartnäckig verfolgen sie ihre Ziele – aber das schöne ist, dass sich die beiden da nichts schenken. So gibt es unterm Strich keinen Sieger und keinen Verlierer.

Fazit: Gewiss geht es leidenschaftlich zu, wenn der Skorpion-Mensch es wagen sollte, einer anderen Fellnase zu viel Aufmerksamkeit zu schenken. Aber ansonsten sind die beiden unzertrennlich – Pfote drauf!

♏

Schütze: Unbeirrbar wird ein Schütze-Zweibeiner seinen aufmüpfigen Skorpion-Hund überallhin mitschleifen, bis dieser müde alle viere von sich streckt. Für zänkische Fellnasen hat er keine Zeit, soll Hund doch seine überschüssige Energie lieber an einem Kauknochen auslassen.

Fazit: Für ein bisschen Zuneigung folgt die heißblütig liebende Fellnase seinem Besitzer bis ans Ende der Welt – und wieder zurück. Und das auch noch mit einem Schwanzwedeln!

♏

Steinbock: Emsig versucht der Skorpion-Hund die vom Steinbock-Besitzer aufgestellten Regeln zu untergraben. Doch damit stößt er auf Granit. Schließlich ist sein Steinbock-Herrchen oder -Frauchen Meister der Beharrlichkeit.

Fazit: Die aufrührerischen Provokationen seiner oft zickigen Fellnase nimmt der in sich ruhende Steinbock-Besitzer meist gelassen. So ganz nach dem Motto: Soll er doch gegen die Wand laufen, er scheint ohnehin unbelehrbar, und vorgewarnt hat man ihn ja schließlich auch oft genug.

♏

Wassermann: Dem Freigeist widerstrebt es von Grund auf, seine raffinierte Fellnase ständig kurz zu halten. Doch was tun, wenn sich der Skorpion-Hund auf die Suche nach Abgründen in jeglicher Form spezialisiert hat? Eine gute Hundehaftpflichtversicherung ist das eine, aber ein befreundeter Tierarzt wäre dann wirklich der Jackpot!

Fazit: Hier hilft nur das Experiment am lebenden Objekt. Da ist der Wassermann genau der Richtige, um eine effektive Methode zu finden, wie man sich den Umgang mit der launischen Fellnase erleichtern kann. Schon mal über eine eigene Hundeschule nachgedacht?

♏

Fisch: Der zartbesaitete Fische-Zweibeiner hat ein gutes Händchen für die manchmal hundsgemeine Fellnase. Doch nur mit erhobenem Zeigefinger kommt man beim Skorpion leider nicht weit. Wenn alles nichts hilft, muss sie also schon auch mal demonstrativ ignoriert oder einfach gnadenlos niedergeschmust werden.

Fazit: Der liebevolle Umgang des Fische-Besitzers erweicht das abgebrühte Skorpion-Herz und untergräbt sein machtlüsternes Gehabe. Und siehe da: Schon wird aus dem Wolf ein wollweiches Kuschelschaf!

Der Schütze-Hund 23.11.–21.12.

*M*it der Sonne im Tierkreiszeichen Schütze wird Ihr vierbeiniger Liebling mit Sicherheit ein offener, aufgeweckter und liebenswerter Vierbeiner sein. Seine Neugier ist viel zu groß, um auf irgendetwas mit Angst zu reagieren. Alles, was für ihn neu ist, wird mit größter Aufmerksamkeit untersucht und bis ins kleinste Detail zerlegt – wenn man ihn denn lässt.

Wenn Ihr Schütze-Hund seine Flegeljahre erst einmal hinter sich gebracht hat, ist er so selbstbewusst, dass ihn nichts und niemand mehr dabei aufhalten kann, neue Horizonte zu erobern. Leider auch gerne mal ohne Sie! Der Schütze-Geborene geht nämlich ausgesprochen gerne strawanzen und klappert die Nachbarschaft mit Vorliebe außer der Reihe nach interessanten Hundenews ab. Alleingänge sind sozusagen seine Spezialität, er will die Welt erforschen und wird nicht verstehen, warum sein Terrain am Gartenzaun enden sollte und noch weniger, warum Sie kein Verständnis für seine Exkursionen haben. Besser also, Sie lassen den Zaun erhöhen und alle Schlupflöcher beseitigen. Und falls das nicht genügt, hängen Sie vorsichtshalber Ihre Telefonnummer sichtbar an sein Halsband, damit Sie ihn nach einem Ausflug wenigstens wieder irgendwo abholen können.

An kurzer Leine werden Sie ihn nur schwer halten können. Besser, Sie gewöhnen ihm von klein auf daran, ohne Leine bei Fuß zu gehen. Einem gut erzogenen Hund kann man mehr Freiheiten geben und er wird mit Sicherheit glücklicher neben Ihnen herlaufen, wenn er frei seine Duftnoten verteilen und andere taxieren darf. Aber nur auf Sichtweite, versteht sich!

Der Schütze-Hund ist sehr lebhaft und umgänglich, egal ob noch eine Wasserschildkröte oder ein Tanzbär zu Ihrer Familie gehört. Er hat kein Problem mit der Größe oder eventuellen Eigenarten der Spielkameraden. Hauptsache, es ist etwas geboten! Seine Begeisterungsfähigkeit macht ihn überaus liebenswert und ist einfach herzerfrischend! Auch wenn er sich beim Balgen eine kleine Schramme holt, ist das noch lange kein Hindernis, um bei der nächsten Begegnung mit einem Spielkameraden nicht wieder genauso draufloszurennen.

Lob und Anerkennung sind sehr wichtig für ihn, er ist damit auch eher zur Einsicht zu bringen als mit einem Verbot. Sie sind sein großes Vorbild und er ist Ihr Spiegel. Wenn Sie Lust auf Abenteuer haben, dann überlassen Sie Ihrem Schütze-Hund beim nächsten Spaziergang doch einfach mal die Führung: Sie werden verwundert sein, was Sie alles Schönes und Aufregendes mit ihm erleben!

Wie passen Sie zum Schütze-Hund?

Sie sind …

Widder: Was dem Schütze-Hund recht ist, ist dem Widder-Herrchen oder -Frauchen nicht immer billig. Nachbars Gartenzaun annagen und die Hortensien ausbuddeln sind nur einige der kostspieligen Hobbys des abenteuerlustigen Vierbeiners.

Fazit: Wenn jemand den feurigen Schütze-Hund zu führen weiß, dann ein willensstarker Widder-Besitzer! Beide sind unternehmungslustige Zeitgenossen, die schon mal gar nichts anbrennen lassen.

♐

Stier: Mit einem Stier-Menschen an der kurzen Leine wird der Schütze-Vierbeiner lernen, was Geduld bedeutet. Minuten werden da für ihn schnell zu gefühlten Stunden. Optimal ist es daher, wenn er freilaufend seinem eher gemütlichen Zweibeiner vorauseilen darf, denn dann kommt jeder in seinem Tempo auf seine Kosten.

Fazit: Der Schütze-Hund wird von seinem fürsorglichen Stier-Menschen von vorn bis hinten verwöhnt. Und die emsig-feurige Fellnase wird zum Dank das beschauliche Stier-Leben ganz schön auf den Kopf stellen.

Zwilling: Für spontane Abenteuer ist ein leicht zu begeisternder Zwilling als Besitzer geradezu ideal für den munteren Schütze-Sprössling. Einen Mordsspaß haben sie dabei, tagtäglich Wald und Feld gemeinsam zu erkunden.

Fazit: Das erlebnisfreudige Gespann ist meist gut gelaunt auf der Hundewiese anzutreffen. Mit ihrer optimistischen Lebenseinstellung schaffen sie es selbst bei einem kurzen Zusammentreffen, andere sogar aus einer Schlechtwetter-Lethargie herauszureißen.

♐

Krebs: Der tollkühne Schütze-Vierbeiner wird den vorsichtigen Krebs mit seinen halsbrecherischen Aktionen öfter mal zur Verzweiflung bringen. Sein Glück ist dabei, dass der hundeverliebte Krebs-Mensch seine aufgeweckte Fellnase förmlich vergöttert. Also Schwamm drüber – ein bisschen nett gewedelt ist schon halb verziehen!

Fazit: Unglaublich, aber wahr: Der abenteuerliche Schütze-Hund weiß sogar den äußerst zurückhaltenden Krebs-Menschen aus dem Schneckenhäuschen zu locken. Und das tut er dann auch mit Vorliebe und großer Hingabe!

♐

Löwe: Oh, là, là! Zwei waschechte Herrscher, die sich glücklicherweise nicht allzu oft in die Quere kommen, da sie ihr Revier wohlweislich gut aufgeteilt haben. Wenn dieses glorreiche Pärchen unterwegs ist, gibt es nur ein Motto: »Was kostet die Welt?«

Fazit: Eine Menge selbst fabrizierte Action und viele Streicheleinheiten machen Schütze-Hund und Löwe-Zweibeiner das Leben so richtig lebenswert. Von der Fröhlich- und Großzügigkeit des jeweiligen anderen können beide nur profitieren.

♐

Jungfrau: Statt sich gegenseitig ins Gehege zu kommen, erlauben sich Schütze-Hund und Jungfrau-Mensch lieber bei anderen einen kleinen Scherz. Mit ihrem Sinn für Humor und allerhand Späßchen versüßen sie sich gerne den Tag.

Fazit: Der Jungfrau-Mensch sieht durch seine immer optimistisch schwänzelnde Fellnase vieles gelassener und der rastlose Vierbeiner wird bei Höhenflügen sanft auf den Boden der Tatsachen zurückgeholt.

♐

Waage: Bei dem Waage-Schütze-Gespann stehen angenehmer Trubel und Heiterkeit auf der Tagesordnung. Biergartenbesuch bei Sonnenschein oder Parkwandern bei Regenwetter? Egal, Hauptsache, es wird eine Pfote vor die Tür gesetzt!

Fazit: Eine freundschaftliche Mensch-Hund-Beziehung verbindet die Schütze-Fellnase und seinen Waage-Besitzer. Ein Zusammenleben dieser beiden gestaltet sich äußerst problemlos und überaus harmonisch.

Skorpion: Ein großspuriger Schütze-Hund wird von seinem fordernden Skorpion-Besitzer zu Höchstformen angestachelt. Ob in der Hundeschule oder beim Klickertraining, diesen beiden reicht keiner so schnell das Wasser – eher schon einen funkelnden Pokal.

Fazit: Eine Skorpion-Schütze-Kombination funktioniert wunderbar! Da haben sich Meister und Schüler getroffen. Und die Frage, wer welche Rolle bekleidet, ist diesem Pärchen völlig (Leber-)Wurst!

♐

Schütze: Dem Schütze-Doppelpack wird kein Weg zu weit und kein Berg zu hoch sein, denn es gibt viel zu entdecken und noch mehr zu erleben. Daheim faul auf der Couch zu vergammeln, kommt bei diesem rastlosen Pärchen wirklich nicht in Frage.

Fazit: Im ganzen Umkreis von 400 Kilometern wird es kaum einen Wanderweg geben, den die beiden nicht schon inspiziert hätten. Denn schließlich ist es eine Frage der Ehre, wie viele Stempel einen Hundeausweis zieren.

♐

Steinbock: Marathonlaufen wäre die ideale Freizeitbeschäftigung für diese Zwei- und Vierbeiner-Kombination. Denn beinahe jedes noch so hoch gesteckte Ziel erreichen der zähe Steinbock und der vorwitzige Schütze-Spross, auch wenn danach die Pfoten glühen.

Fazit: Die Verbindung von Zähigkeit und Unternehmungslust ergibt eine besonders erfreuliche Kombination. Und bei so viel Aufmerksamkeit vom Schütze-Hund öffnet sich selbst ein gut verstecktes Steinbock-Herz, und das auf ewig.

♐

Wassermann: Geschickt leitet der kühne Wassermann seine leichtpfotige Fellnase durch unbekanntes Terrain. Mit großem Erfindungsreichtum vermittelt er dem nichts ahnenden Schütze-Hund Freiräume, wobei er ihm nie wirklich die Möglichkeit gibt, auszubüchsen.

Fazit: Eintönigkeit kommt bei dieser Verbindung definitiv keine auf! Hier treffen zwei Freigeister aufeinander, die sich gesucht und gefunden haben. Bergrettungsstaffel in der Freizeit? Warum nicht?!

♐

Fisch: Zielstrebig dackelt der Schütze-Hund dem wankelmütigen Fische-Besitzer voraus und dirigiert so meist die Richtung der Gassistrecke. Für den Fische-Menschen stellt das überhaupt kein Problem dar, da er nicht unbedingt darauf erpicht ist, andere zu dominieren.

Fazit: Wenn der Schütze-Hund die Gutherzigkeit des Fische-Herrchens oder -Frauchens nicht zu unverschämt ausnützt, dann werden beide eine Menge Freude am leichtlebigen Miteinander haben.

Der Steinbock-Hund 22.12.–20.01.

*W*enn Sie einen Hund mit der Sonne im Steinbock an der Leine haben, dann wird er Sie mit seiner Pflegeleichtigkeit und Genügsamkeit zu beeindrucken wissen. Der Steinbock-Hund benimmt sich meist sehr brav und artig, selten wird er überstürzt oder gar unbesonnen handeln. Schon als Welpe macht er einen eher »reifen« Eindruck und wird weniger Unfug anstellen als beispielsweise ein Widder-Hund. Die Stubenreinheit wird er schnell umsetzen und seinen Rhythmus finden, wenn Sie nicht einen Teppich in der Wohnung haben, der an eine flauschige Wiese erinnert.

Von Anfang an braucht Ihr Steinbock-Geborener klare Regeln, das Gefühl von Sicherheit und Geborgenheit, sonst wird er sich zu einem brummeligen und eigenbrötlerischen Vierbeiner entwickeln. Ehrgeizig und eifrig wird Ihr Steinbock-Hund mit Ihnen alle anfallenden Übungen aus der Hundeschule durchexerzieren und Ihnen bewundernde Blicke verzweifelter Hundebesitzer bescheren. Was er einmal gelernt hat, wird er so schnell nicht wieder vergessen. Wenn er mal nicht gleich das kleine Kunststück hinbekommt, dann helfen Sie ihm bestenfalls nur unauffällig auf die Sprünge, nicht dass er durch seinen Ehrgeiz beleidigt das Interesse daran verliert.

Er bedarf vieler Streicheleinheiten und guten Zuspruchs. Ein geregelter Tagesablauf kommt seinem erdbetonten Wesen sehr entgegen. Normalerweise sind Steinbock-Hunde eher genügsam, was das Fressen betrifft, aber wenn Sie einmal mit einer teuren Futtersorte angefangen haben oder sogar für ihn kochen, wird er nur schwer wieder auf unliebsames Trockenfutter umzustellen sein. Bei Ihm steht nicht Quantität, sondern Qualität an oberster Stelle. Parmaknochen und getrocknete Rindfleischstreifen lassen ihn durchaus schwach werden.

Stolz wird er sein selbst abgeholztes Stöckchen vor Ihnen hertragen und in der Regel keinen Schaden an parkenden Autos anrichten. Am liebsten erklimmt er Hügel oder Berge und wird wie ein Welpe über Wiesen und Felder wetzen.
Beim Spiel mit anderen Hunden ist er in der Regel sehr umgänglich. Wenn er mal unausgeglichen sein sollte, kann er sich durchaus als Oberlehrer aufspielen und dem lustigen Treiben anderer Vierbeiner ein jähes Ende bereiten.
Getrost können Sie ihm den Kinderwagen oder andere Wertsachen während Ihres Einkaufs vor der Ladentür anvertrauen, allein durch seine achtsame Art wird sich keiner heranwagen.

Der Steinbock-Hund ist sehr pflichtbewusst und wird den verführerisch riechenden Schmorbraten in Nasenhöhe nicht anrühren. Ein strenger Blick von Ihnen genügt, um ihm ein Verbot klarzumachen. Er hat einen ausgeprägten starken Willen. Mit stillem Protest wird er Ihnen verdeutlichen, was er will und was nicht. Dann können Sie ihn, wenn überhaupt, nur mit Geduld und eindringlicher Erläuterung zur Einsicht bringen. Wenn ihm etwas wirklich wichtig ist, lässt er so lange nicht locker, bis Sie schließlich einlenken.

Wie passen Sie zum Steinbock-Hund?

Sie sind …

Widder: Eigentlich sollte man meinen, dass sich die beiden Hörnchenträger ganz gut ergänzen könnten. Nur leider können weder Steinbock-Hund noch Widder-Mensch klein beigeben. Einig sind sie sich deshalb nur in einem: Es käme einer Niederlage gleich, einen Kompromiss einzugehen.

Fazit: Mit einer bockigen Steinbock-Fellnase wird der ebenso eigensinnige Widder-Besitzer kein allzu leichtes Spiel haben. Dennoch würdigen beide zumindest insgeheim den Mut, die Loyalität und die Zähigkeit des anderen – und zwar mit vorzüglicher Hochachtung.

Stier: Beim Stier-Menschen genießt der Steinbock-Geborene ein wahrlich angenehmes Hundeleben. Immer steckt einem der Zweibeiner ein köstliches Leckerli zu, das den Moment versüßt und für das liebend gern mehr als nur einmal das geworfene Stöckchen geholt wird.

Fazit: Trautes Heim, Glück allein! Eine harmonische, für beide Seiten besonders angenehme Kombination, bei der es keine größeren Reibereien geben wird.

Zwilling: Die dackelmäßige Sturheit der Fellnase bringt den beschwingten Zwilling-Besitzer oft an den Rand des Wahnsinns. Zum Beispiel, wenn stoisch Maulwurfshügel bis zum Grund ausgehoben werden müssen, anstatt dass zügig das fällige Geschäft in der Mittagspause erledigt werden würde.

Fazit: Der Luftikus und der emsige Buddelkönig haben auf den ersten Blick kaum Gemeinsamkeiten. Doch das hindert sie nicht daran, nach außen hin geschlossen aufzutreten, ganz egal wie sehr daheim manchmal auch die Fetzen fliegen mögen.

♑

Krebs: Selbst einem eher sparsamen Zweibeiner wie dem Krebs jedes Leckerli mühsam aus dem Kreuz zu leiern, ist bei dem treuen Hundeblick für den Steinbock-Vierpföter gar kein Problem. Doch Gnade ihm der Hundehimmel, wenn er Herrchens oder Frauchens Geranien zu Kompost verarbeitet. Da hört der Spaß für den nachtragenden Besitzer aber dann wirklich auf!

Fazit: Nichts und niemand kann diese beiden trennen. Von ein paar kleinen Unstimmigkeiten mal abgesehen, ist es auch ganz gemütlich in der hausgemachten, beschaulichen Idylle.

♑

Löwe: Glanz und Gloria versprüht der korrekte Steinbock-Hund zwar nicht gerade, dafür tanzt er aber auch nicht unerlaubt aus der Reihe und untergräbt vor allem nicht des gönnerischen Löwe-Zweibeiners unangefochtene Alphastellung.

Fazit: Es bricht dem großzügigen Löwe-Menschen kein Zacken dabei aus der Krone, sich liebevoll um seine Fellnase zu kümmern. Und dies selbst, wenn überschwängliche Liebesbekundungen bei dem beherrschten Steinbock-Vierbeiner eher spärlich ausfallen.

♑

Jungfrau: Seinem beratungsresistenten Vierbeiner den ellenlangen Baumstamm abzunehmen, damit dieser keine parkenden Autos touchiert, ist wohl die beste Lösung für den umsichtigen Jungfrau-Besitzer. Schließlich will der Zweibeiner sein Geld ja sicherlich nicht unnötigerweise in einer bombensicheren Hunde-Haftpflicht anlegen.

Fazit: Eine profitable Anschaffung wäre für den Jungfrau-Menschen bei der unverbesserlichen Arbeitswut seines Steinbocks ein Kaminofen. Denn wenn schon täglich unweigerlich Brennholz in respektablen Mengen angeliefert wird, sollte der praktisch veranlagte Zweibeiner auch einen angenehmen Vorteil daraus ziehen.

♑

Waage: Selbst frisch geföhnt und mit schickem Halsband bekleidet lässt der Steinbock-Hund kein Mäuseloch aus, um es erfolgreich freizulegen. Erfreulicherweise bekommt aber der tadellose Waage-Mensch erdverkrustete Pfoten schnell wieder sauber, bevor sie einen Designerteppich betreten.

Fazit: Einen begnadeten Waldarbeiter wird auch der ästhetische Waage-Zweibeiner nur bedingt salonfähig machen können. Was dem Steinbock-Hund aber an Charme fehlt, macht er mit Ergebenheit lässig wieder wett.

Skorpion: Den ziemlich spröden Steinbock-Geborenen weiß der impulsive Skorpion-Mensch fabelhaft aus der Reserve zu locken. Es ist schon eine Kunst, den eigensinnigen Vierbeiner nach Belieben niederzukuscheln, ohne entnervt angebrummelt zu werden.

Fazit: Wenn man den unterkühlten Steinbock-Hund mit viel Geduld und Zuneigung erst einmal weichgeknuddelt hat, gilt ein erhaltenes Hundebussi quasi als Ritterschlag. Zumal sich der Skorpion-Besitzer dieser schwierigen Aufgabe mit Vorliebe widmet.

♑

Schütze: Die pflegeleichte Fellnase wird vom reisefreudigen Schütze-Besitzer eingesackt und überall dorthin mitgenommen, wo auch ganz sicher der Bär steppt. Ständig nur die gleiche Gassistrecke abzudackeln, ist Herrchen oder Frauchen definitiv zu langweilig. Abwechslung ist gefragt – und wird deshalb selbstverständlich auch geboten!

Fazit: Bei einem lebenslustigen Schütze-Zweibeiner wird das Revier des weitgehend anspruchslosen Steinbocks automatisch um ein Vielfaches erweitert. Ein ideales Paar, das nicht nur als Jäger-Jagdhund- oder Bergwacht-Rettungshund-Besetzung in Erscheinung tritt!

♑

Steinbock: Lebenslang Bergwandern ist für diese beiden keine Strafe, sondern ein wunderschöner Zeitvertreib. Liebend gern ziehen sie in trauter Zweisamkeit durch die Gegend, und das erst recht, wenn sie von lästigen Begleitern verschont bleiben.

Fazit: Dieses Pärchen ist sich immer so einig, dass es bei ihnen keine Schwierigkeiten zu befürchten gibt. Und sprichwörtlich das Höchste ist es für sie, wenn sie am Gipfelkreuz schließlich ihre lang ersehnte Ruhe von allem und jedem haben.

♑

Wassermann: Wenn dem Wassermann-Herrchen oder -Frauchen das endlose Stöckchengewerfe einmal zu langweilig werden sollte, kann man durchaus mit der arbeitswütigen und zähen Fellnase das Haushaltsgeld mit Löcherbuddeln bei einem Landschaftsgärtner aufbessern.

Fazit: Dem eigenbrötlerischen Steinbock-Hund die unglaubliche Vielfalt des sich bietenden Lebens näherzubringen, ist fast schon ein Ding der Unmöglichkeit. Aber wenn es dann doch irgendeiner schafft, dann ist das garantiert sein erfindungsreicher Wassermann-Besitzer!

♑

Fisch: Stolz und glücklich führt der Fische-Mensch seinen treuen vierbeinigen Lebensgefährten spazieren. Kleingetier und naturgeschützten Wiesenblumen, die dem ausgezeichneten Buddelkönig und passionierten Jäger vor die Nase kommen könnten, wird vorsorglich ausgewichen. So etwas nennt man heutzutage aktiven Artenschutz!

Fazit: Ausgeglichenheit und den nötigen Seelenfrieden liefert die gutmütige Steinbock-Fellnase seinem sensiblen Zweibeiner. Und dass auch ja keine Eintönigkeit aufkommt, dafür sorgt der lebensfrohe Fische-Besitzer dann schon.

Der Wassermann-Hund 21.01.–19.02.

*N*icht selten hat man bei einem Wassermann-Hund den Eindruck, er wäre gerade dem Lotterbett entstiegen. Sein Fell hat immer etwas verwuscheltes, selbst wenn er ein Kurzhaarmodell ist. Sie können sich bei Ihrem Wassermann-Geborenen über einen amüsanten, liebenswerten, aber auch unberechenbaren Hund an Ihrer Seite freuen. Er ist aufgeweckt und ungestüm, man könnte ihm fast nachsagen, er sei etwas unruhig oder gar nervös. Geduld gehört nicht wirklich zu seinen Stärken, darüber hinaus lässt er sich auch sehr leicht ablenken. Wenn Sie ihm Männchen machen beibringen wollen, üben Sie mit ihm im Keller, wo er keinerlei Außenreizen ausgesetzt ist. Auf spielerische Art und Weise lernt er am besten, denn bei seiner Eigenwilligkeit lässt er sich keinerlei Richtlinien aufzwingen.

Der Wassermann-Hund will seine Aufgaben selbst bewerkstelligen, und das ohne Hilfestellung. Sonst verliert er schnell die Lust am Lernen und schnüffelt demonstrativ an einem Grashalm, das verlockende Leckerli verschmähend. Sein Lernziel wird er nur durch Ihre Hartnäckigkeit erreichen, denn sonst verzettelt er sich und Erlerntes gerät schnell in Vergessenheit. Er ist sehr aufgeschlossen, mutig und begeisterungsfähig. Bevor Sie ihm ein Kommando zurufen, sollten Sie jedoch sichergehen, dass er nicht von einer am Boden herumkriechenden Schnecke abgelenkt ist. Und zwar nicht aus Boshaftigkeit, sondern weil sein Interesse an allem, was ihn umgibt, einfach seine Aufmerksamkeit beeinträchtigt. Auf der anderen Seite ist es faszinierend, wie er sich ganz alleine zu beschäftigen weiß. Er braucht nicht unbedingt viel Spielzeug, Hauptsache er hat ein paar Quadratmeter Rasen, den er wie ein Forscher erkunden kann. Egal ob Regenwurm oder Käfer, für ihn ist alles interessant. Dann ist er richtig happy!

Beim Spielen mit Gleichgesinnten kommt er dann so richtig in Fahrt, sodass er manchmal die ganze Welt um sich herum vergisst. Es kommt nicht selten vor, dass er Sie über den Haufen rennt oder unfreiwillig einen Tisch abräumt. Blessuren vom Spielen wird er des Öfteren davontragen, wenn er vor lauter Enthusiasmus einen Zaun oder einen Strauch übersieht. Sollte es einmal einen Bewegungssensor für Vierbeiner geben, wäre dies keine schlechte Investition, verglichen mit den sich anhäufenden Tierarztrechnungen.

Machen Sie sich auf flippige Phasen Ihres Wassermann-Hundes gefasst, mit seinem provokanten Verhalten wird er nicht nur Ihre Geduld auf die Probe stellen. Es handelt sich dabei um keine böswillige Rebellion, sondern um eine spielerische Form des Grenzenaustestens. Viel Auslauf und die Möglichkeit, seinen Erkundungsdrang auszuleben, werden zu seinem psychischen Gleichgewicht beitragen. Es wird einige Zeit vergehen, bis der Wassermann-Geborene davon Wind bekommt, dass es mehr als nur ein Geschlecht auf der Hundewelt gibt. Sehr praktisch, wenn er nicht schon wie viele andere Junghunde schwer verliebt Unfug treibt.

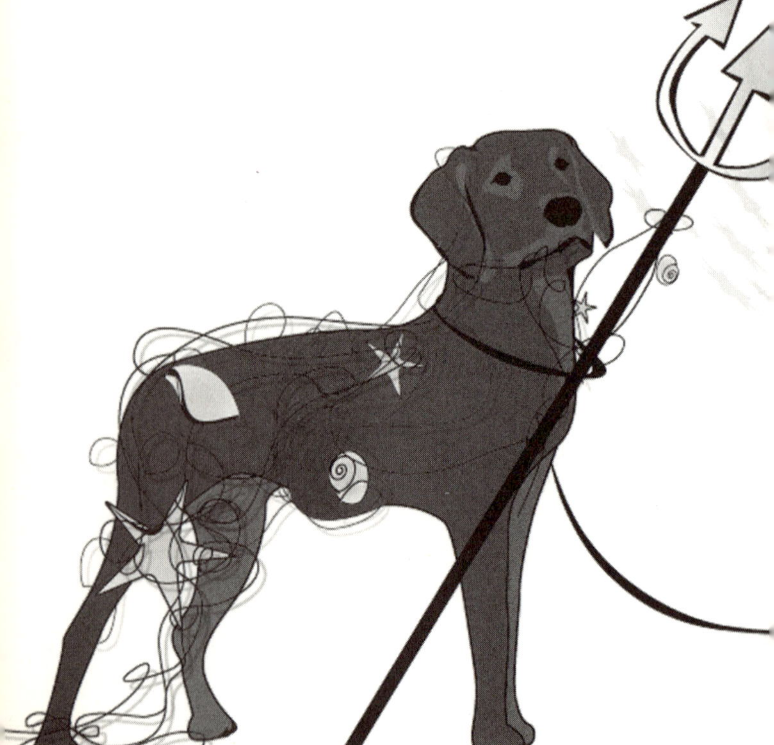

Wie passen Sie zum Wassermann-Hund?

Sie sind ...

Widder: Bei diesem Duo wird erst gar nicht lange gefackelt. Als explosives Gespann mischen sie mit besonderer Vorliebe und nach Lust und Laune jede sich bietende Hundewiese auf, und zwar ohne Rücksicht auf Verluste.

Fazit: Auf höchst anziehende Weise steuern Widder-Mensch und Wassermann-Hund der rechtschaffenen Gesellschaft einen Mix aus drolliger Unangepasstheit und amüsantem Eigensinn bei. Schon mal darüber nachgedacht, sich bei einer Hundesendung als Protagonisten zu bewerben?

Stier: Der putzmuntere Wassermann-Hund macht Herrchen oder Frauchen im trauten Heim so kirre, dass an gemütliches Nesthocken nicht zu denken ist. Dem Vierbeiner flink über Stock und Stein hinterhergehoppelt, kommt auch der Zweibeiner zu einem – wenn auch nicht immer gewollten – ausgedehnten Fitnessprogramm.

Fazit: Genau genommen haben Wassermann-Hund und Stier-Mensch schon mal gar keine Gemeinsamkeiten. Allerdings ergibt sich aus dieser verschiedenartigen Mischung ein durchaus spannendes Miteinander. Der Stier macht es sich auf einer Parkbank gemütlich, während der Wassermann das Gelände gründlich sondiert.

♒

Zwilling: Selbst wenn sich seine draufgängerische Fellnase wieder mal halsbrecherisch ins Getümmel wirft, bleibt der Zwilling-Besitzer gelassen. Er weiß ja, dass selbst streitsuchende Gleichgesinnte seinen vergnügten Tausendsassa nicht aus der Reserve lockenkönnen. Denn der will schließlich nur eines: spielen!

Fazit: Ohne jegliche Berührungsängste wird freudig die Welt gestürmt und alles auf den Kopf gestellt, was nicht niet- und nagelfest ist. Denn das Gefühl von Freiheit ist diesem Pärchen einfach immens wichtig. Na dann: Leine ab und los!

Krebs: Ein schlechtes Hundeleben hat der Wassermann-Hund bei einem Krebs-Menschen definitiv nicht zu beklagen. Vor allem dann, wenn einem die Wiener wieder einmal fast ins Maul zu wachsen scheinen. Nicht ganz so kuschelig gibt sich der Zweibeiner allerdings, wenn sein kleiner Entdecker auf eigene Faust eine unerlaubte Forschungsexkursion in Nachbars Garten einlegt.

Fazit: Wenn der Wassermann-Hund nicht ausbüxt, hängt auch der Haussegen nicht schief. Und dann gibt es bestimmt auch mal den einen oder anderen besonderen Leckerbissen.

Löwe: Als ganz privater Entertainer bietet der Wassermann-Hund seinem Löwe-Menschen tagtäglich eine unvergleichliche Show. Denn die Fellnase macht überhaupt keinen Hehl daraus, Herrchen oder Frauchen auf Augenhöhe zu sehen.

Fazit: Beifall klatschendes Publikum ist bei diesem Duo zwar erwünscht, aber keinesfalls zwingend nötig. Aber wenn es dem großzügigen Löwe-Besitzer mit seinem Alleinunterhalter dann doch einmal zu bunt wird, gibt es möglicherweise eine mächtige Ansage. Was aber der Wassermann letztlich mehr oder weniger unbeeindruckt zur Kenntnis nimmt.

Jungfrau: Das Verhalten des unberechenbaren Wassermann-Hundes ist für den geordneten Jungfrau-Besitzer mehr als nur gewöhnungsbedürftig. Aber das Prinzip »Leben und Leben lassen« gewährt der Zweibeiner seiner Fellnase dann doch gerne, wenn der Bogen dabei nicht überspannt wird.

Fazit: Mit seiner Sprunghaftigkeit bringt der Wassermann-Hund das wohlstrukturierte Jungfrau-Dasein immer wieder durcheinander. Was den Jungfrau-Mensch aber milde stimmt, ist dafür der phänomenale Erfindungsreichtum seiner ausgeschlafenen Fellnase.

♒

Waage: Hier hat es Fiffi richtig gut. Er wird von seinem Waage-Besitzer rundum verwöhnt und auch nach allen Regeln der Kunst geschniegelt und gestriegelt. Letzteres ist allerdings bei einem Wassermann-Hund ein Ding der Unmöglichkeit, denn er sieht selbst als Kurzhaarversion immer aus, als hätte er eine Steckdose gerammt.

Fazit: Ein ausgeglichener Waage-Zweibeiner ist die ideale Ergänzung für den sprunghaften Wassermann-Quertreiber. Denn wenn die rebellische Fellnase wieder mal irgendwo aneckt, kann es der allzeit diplomatische Waage-Zweibeiner ja einfach wieder glattbügeln.

Skorpion: Seinen kleinen Revoluzzer zu zähmen, ist für den vereinnahmenden Skorpion-Menschen eine interessante Herausforderung. Die kecke Fellnase erfreut sich durchaus daran, von ihrem Zweibeiner ständig umworben zu werden. Und ein wenig in den Himmel gehoben zu werden, findet sie alles andere als langweilig.

Fazit: Bei der spielerischen Herangehensweise des Zweibeiners fällt dem freiheitsliebenden Wassermann gar nicht auf, wie der Skorpion im Hintergrund die Fäden zieht. Eine spannende Verbindung – und das ein ganzes Hundeleben lang!

♒

Schütze: Selbst wenn geplant ist, nur mal eben kurz fürs kleine Geschäft vor die Tür zu treten, kann bei diesem Duo spontan eine Weltreise daraus werden. Für den Wassermann-Hund kein Problem, schließlich braucht er nur Herrchen oder Frauchen fürs vollkommene Glück.

Fazit: Ein turbulentes Gemisch, das freundschaftlich und voller Lebensfreude alles ausprobiert. Tolerant und geduldig schaut sich der Schütze-Mensch zunächst das lustige Treiben seiner umtriebigen Fellnase für eine geraume Zeit an, bis schließlich doch das längst fällige Machtwort folgt. Aber eines ist dabei immer klar: Die beiden gehören einfach zusammen!

Steinbock: Der Wassermann-Hund hält nicht viel von der rigiden Einstellung seines Steinbock-Besitzers und schlägt viel lieber unbekümmert seinen Weg ein. Aber der vernunftgesteuerte Steinbock-Mensch trägt das glücklicherweise mit Fassung und dackelt seiner kessen Fellnase einfach schmunzelnd hinterher.

Fazit: Erstaunlicherweise verbindet die beiden von Grund auf verschiedenen Charaktere eine innige Freundschaft. Dass sie nicht viel gemeinsam haben, ist ihnen herzlich egal, Hauptsache, es macht den beiden Spaß!

♒

Wassermann: Lebenslustig stürzen sich Wassermann-Hund und Wassermann-Mensch in die Fluten, das heißt, in den bunten Alltag, den es auf den Kopf zu stellen gilt. Ohne jegliche Angst vor großen Hunden oder einem schlecht gelaunten Ordnungshüter lassen sie sich auch nicht von einem Querfeldeinlauf im botanischen Garten abhalten.

Fazit: Da kommt Freude auf! Ein quietschvergnügtes Gaukler-Pärchen, das sich gesucht und gefunden hat! Geteilter Spaß ist doppelter Spaß, und massig viel Lebensfreude ist das Sahnehäubchen obendrauf.

Fisch: Mit einem Wassermann-Hund an der Angel wird dem Fische-Besitzer niemals öde. Wenn die geliebte Fellnase mal wieder gründlich den Nachbargarten auf alles untersucht, was da so kreucht und fleucht, oder wenn sie gar die ganze Nachbarschaft mit einem ihrer berühmt-berüchtigten Sologänge in Aufruhr versetzt, dann geht es mächtig rund.

Fazit: Nur mit viel Toleranz und Humor hat der Fische-Mensch eine gute Chance, seines vergnügten Treibaufs Herr zu werden. Aber Kopf hoch, lieber Zweibeiner – bei dem unermüdlichen Vierpföter ein Forscherverbot dauerhaft durchzusetzen, ist beinahe ein Ding der Unmöglichkeit.

Der Fische-Hund 20.02.–20.03.

*W*enn Ihnen ein vierbeiniger, haariger Fisch ins Netz gegangen ist, dann dürfen Sie sich über sein zartes und verträumtes Wesen freuen. Seinen wunderschönen sanften Augen kann kaum einer widerstehen. Ein Fische-Hund ist ein sehr sensibles Wesen, das mit viel Einfühlungsvermögen geleitetet werden will. Wenn das gegeben ist, ist er wie Wachs in Ihren Händen und wird sich Ihnen ohne Probleme unterordnen. Selbst wenn er als Dobermann eine optisch beeindruckende Erscheinung haben sollte, ist er äußerst schutzbedürftig. Wenn er sich dieses Schutzes nicht sicher ist, zieht er sich lieber verunsichert zurück und wird nicht mit dem netten Nachbarhund spielen wollen, der täglich erwartungsvoll vor Ihrem Gartentor herumlungert.

Der Fische-Hund braucht viel Anerkennung und Beachtung, um sich wohl zu fühlen. Selbst noch im hohen Alter wird er etwas von einem verträumten Welpen beibehalten. Ihr Fische-Geborener wird elfenhaft neben Ihnen herschweben, egal ob es sich um einen Mastiff oder einen Berner Sennenhund handelt. Zärtlich wird er Sie am Ärmel zupfen, wenn er ein Bedürfnis äußern will – im Gegensatz zu vielen anderen Fellnasen, die einem fast den Pulli zerreißen, wenn man vergessen hat, ihnen den Fressnapf zu füllen. Nähe und Zärtlichkeit sind lebenswichtig für ihn, ohne die Erfüllung der beiden Grundpfeiler seiner Bedürfnisse würde er jämmerlich eingehen.
Ein unregelmäßiger Tagesablauf ist für ihn genau richtig. Routine ist wider seine Natur. Gerne wird er mit dem geliebten Zweibeiner eine Nachtwanderung mit einem anschließenden Mitternachtsmahl genießen. Wundern Sie sich daher auch nicht, wenn er Sie nächtens weckt, weil er gerade spielen will. Für ihn gibt es dann keinen passenderen Zeitpunkt als gerade eben diesen!

Ihr Fische-Hund ist nicht besonders mutig und zielstrebig. Er eignet sich eher als Muse eines Künstlers denn als Wachhund eines Sicherheitsbeauftragten. Gegebenenfalls würde er gar einem Einbrecher stolz Ihren Geldbeutel entgegenbringen, anstatt Haus und Hof zu bewachen. Bieten Sie ihm genug Rückzugsmöglichkeiten, sonst ist er schnell überfordert. Ausgedehnte Ruhepausen sind sehr wichtig für ihn, da er alles an Stimmungen und Emotionen seiner Umgebung aufnimmt. Nur so kann er dann die vielen Eindrücke verarbeiten und die nötige Regeneration finden.

Durch seine fast schon übersinnlichen Fähigkeiten wird er erwartungsvoll schwänzelnd an der Türe auf Sie warten, wenn Sie einmal früher als erwartet von der Arbeit heimkehren. Mehr als ein Riesenlob ist fällig, wenn er Sie stur auf dem Gehsteig vom Überqueren der Straße abhält, weil er schon vor Ihnen ein außer Kontrolle geratenes Fahrzeug »kommen sehen hat«. Ebenso kann es passieren, dass er Ihre neue Eroberung verbellt und damit in die Flucht schlägt, wenn er in deren schwarze Seele geblickt hat. Selbst wenn Sie das momentan nicht verstehen, dürfen Sie seinem Instinkt vertrauen.

Stundenlang kann sich der Fische-Hund in seinem Körbchen mit einem Spielzeug beschäftigen, ohne dass ihm langweilig wird. Ein Widder-Geborener hätte vielleicht in der gleichen Zeit längst die Fernbedienung in alle Einzelteile zerlegt und den Garten umgestaltet, aber derlei Eskapaden sind bei ihm nicht zu befürchten. Beim Herumtollen mit anderen Hunden ist Ihr Fische-Geborener dagegen eher zurückhaltend und wird einen fremden Ball lieber einem Spielkameraden überlassen, als sich brutal dessen zu bemächtigen. Grobheit und Rücksichtslosigkeit sind ihm gänzlich fremd.

Wie passen Sie zum Fische-Hund?

Sie sind ...

Widder: Aufgepasst und Ohren angelegt, denn das Leben eines verträumten Fische-Hundes wird bei seinem ungestümen Widder-Zweibeiner ganz schön aufregend. Zum Leidwesen der Fellnase hat der Widder die Hundeleine immer fest im Griff und duldet nur widerwillig Trödeleien beim Gassigehen.

Fazit: Die verspielte, fast schon zärtliche und feine Art des Fische-Hundes macht den energiegeladenen Widder um einiges entspannter. Dafür kommt der Fische-Geborene nicht dazu, den ganzen Tag im Körbchen zu verträumen, stattdessen gibt es für ihn jede Menge Action.

♓

Stier: Ein Stier-Besitzer gibt dem Fische-Geborenen den nötigen Halt im aufregend bunten Hundeleben. Liebevoll kümmert sich der Stier um seine dankbare Fellnase, legt ihm die leckersten Happen in den Napf und kuschelt ihn stundenlang zärtlich nieder.

Fazit: Bei dieser Verbindung treffen Liebenswürdigkeit und Genuss auf höchster Ebene zusammen. Die zauberhaft verspielte Art des Fische-Hundes wird den Stier-Zweibeiner immer wieder aufs Neue dazu ermuntern, diesen auch so richtig zu verwöhnen.

♓

Zwilling: Der gefühlvolle Fische-Hund wird beim quirligen Zwilling-Zweibeiner ganz schön auf Trab gehalten und hat nur wenig Zeit zum Herumtrödeln. Aber das Gute an einem immer viel beschäftigten Herrchen oder Frauchen ist: Wenn der Mensch mal wieder wichtige Dinge zu erledigen hat, kann Hund ganz genüsslich alle viere von sich strecken, bis dann irgendwann der Pfiff zum nächsten Gassigang ertönt.

Fazit: Vom Fische-Vierbeiner bekommt der Zwilling-Geborene die Tür zur fantastischen Welt der Gefühle weit geöffnet. Im Gegenzug wird der verträumten Fellnase ein beschwingtes und alles andere als dröges Hundeleben geboten.

♓

Krebs: Passenderweise geht der feinfühlige Fische-Hund einem Krebs-Zweibeiner ins Netz. Nach allen Regeln der Kunst betüddelt der Krebs-Besitzer seine geliebte Fellnase. Wie praktisch, dass der drollige Fische-Hund nie genug von der Fürsorglichkeit seines Krebs-Besitzers bekommen kann!

Fazit: Voll umsorgt und mit vielen Zärtlichkeiten überschüttet, hat Fiffi mehr als nur gut Schwanzwedeln. Der Krebs-Mensch bekommt dafür tagtäglich einen ungeheuren Gute-Laune-Kick durch die verträumte Unbedarftheit seiner Fellnase.

Löwe: Der Zärtlichkeit und Hingabe des Fische-Hundes wird der Löwe-Zweibeiner nicht lange widerstehen können und sich dann gerne von ihm vereinnahmen lassen. Das ist auch gut so, denn fast schon eifersüchtig wacht die anhängliche Fellnase über seinen geliebten Löwe-Besitzer.

Fazit: Glamour trifft hier auf Feinfühligkeit – die beiden ergänzen sich eher, als dass sie im herkömmlichen Sinne gut zusammenpassen. Doch mit ein bisschen Nachsicht und Ver- ständnis auf beiden Seiten sind sie einfach ein unzertrennliches Duo.

♓

Jungfau: Blind wird der Fische-Hund seinem Jungfrau-Besitzer überallhin folgen, schließlich ist er mit seiner Verträumtheit für das alltäglich Chaos und sein Jungfrau-Mensch für den geordneten Tagesplan zuständig. Wie gut also, wenn das Schlachtgelage und die umherliegenden Spielsachen vom Zweibeiner schnell zusammengeräumt werden, sodass auch wirklich keiner darüber stolpert.

Fazit: Der Fische-Hund beschert durch seine verschmuste Ader dem Jungfrau-Zweibeiner mehr bezaubernde Lebendigkeit und lehrt ihn, das Leben zu genießen – und zwar jeden Augenblick! Und die Jungfrau regelt dafür praktischerweise den Rest für ihn.

Waage: Die angenehm aufgelockerte Waage-Einstellung, einfach so in den Tag hineinzuleben, kommt dem leicht planlosen Fische-Hund mehr als nur ein bisschen entgegen. Gerne wird er vom Waage-Zweibeiner gehegt und gepflegt, so macht er dann auch als perfekt gestyltes Waage-Accessoire eine umwerfend gute Figur.

Fazit: Die ständige Aufmerksamkeit, die ein Herrchen oder Frauchen des Fische-Vierbeiners genießt, sorgt für eine wunderbare Balance der Waage, Ausschläge in die eine oder andere Richtung sind eher selten. Insofern wird es bei diesem Duo auch nicht besonders lautstark zugehen, dafür sind beide viel zu harmonisch veranlagt.

♓

Skorpion: Bei einem Skorpion-Zweibeiner fühlt sich der Fische-Hund pudelwohl. Rumgetrödel ist beim Skorpion-Besitzer allerdings alles andere als gern gesehen. Denn Herrchen oder Frauchen wollen immer alles jetzt und gleich – und nicht irgendwann!

Fazit: Wenn der Skorpion-Mensch dem Fische-Geborenen nur genug Zeit für seinen verträumten Gassi-Trödelgang lässt, dann macht sich Harmonie pur bei diesen beiden breit. Dieses schöne Gefühl kann nicht einmal vom Genuss eines Parmaknochens aufgewogen werden.

Schütze: Mit dem lebenslustigen Schütze-Zweibeiner hat der Fische-Hund alles, nur eines nicht – Monotonie! Wie schade aber auch, wo es doch eigentlich seine Lieblingsbeschäftigung ist, den ganzen Tag herumlümmeln und genüsslich an einem fransigen Knochen zu nagen.

Fazit: Der Schütze-Zweibeiner ist zwar tolerant, geduldig und nimmt vieles mit Humor, aber irgendwann wird es auch ihm mit seiner zögerlich verplanten Fellnase zu bunt. Und dann kann es aber auch schon mal so scheppern, dass selbst der Fische-Hund schlagartig aus seinen Tagträumereien gerissen wird. Und das will schon was heißen!

♓

Steinbock: Stolz und zufrieden führt der Steinbock-Besitzer seinen quicklebendigen Fische-Hund spazieren. Gutmütig lässt der Zweibeiner seiner verspielten Fellnase genügend Raum, sich nach Lust und Laune zu entfalten. Und wenn mal eine kleine Ewigkeit an einem einzigen Busch geschnuffelt wird, kann Mensch es sich ja an einem sonnigen Plätzchen gemütlich machen.

Fazit: Zusätzlich zu einem routinierten Tagesablauf und der nötigen Rückenstärkung bekommt der vierpfotige Fisch vom zweibeinigen Steinbock auch noch ausreichend Streicheleinheiten geboten. Eine überaus glückliche Mensch-Hund-Verbindung!

Wassermann: Gänzlich unbeeindruckt von der Launenhaftigkeit seiner Fellnase bringt der Wassermann seinen mimosenhaften Vierbeiner schnell auf Touren. Dann kann sich der Fisch auch ruhig mutig ins Hundegetümmel stürzen, denn bevor es irgendwie brenzlich werden könnte, pfeift der umsichtige Zweibeiner praktischerweise meist auch schon wieder zum Abmarsch.

Fazit: Vom guten Selbstbewusstsein seines Wassermann-Besitzers bestärkt, traut sich auch der unsichere Fische-Hund gelegentlich einmal auf gewagteres Terrain. Dafür macht die Feinsinnigkeit seiner Fellnase den rational veranlagten Wassermann um einiges weicher.

♓

Fisch: Wenn man einmal einen Zwei- und einen Vierbeiner mit Regenschirm und Quietsche-Entchen bewaffnet bei Sonnenschein durch den Park dackeln sieht, dann handelt es sich mit ziemlicher Sicherheit um ein verrücktes Fische-Duo. Denn diese beiden lassen sich gerne einfach so durch den Tag treiben und kümmern sich herzlich wenig darum, was die anderen darüber denken könnten.

Fazit: Da haben sich wirklich zwei überaus feinfühlige und selbstlose Wesen gefunden! Aber sie schaffen es immer wieder mit Bravour, sich gegenseitig aus der fischigen Lethargie zu reißen, die gelegentlich schon mal aus heiterem Himmel aufkommen kann.

2 Gefühle und Stimmungen – Die Bedeutung des Mondes im Horoskop

Der Mond steht im Horoskop im Allgemeinen für das Gefühlsleben – für die Sensibilität, die Gewohnheiten und das mehr oder weniger ausgeprägten Bedürfnis nach innigen Kontakten. Gelegentlich lassen sich auch gesundheitliche Schwächen darauf zurückführen oder daraus ableiten.

Wie nimmt Ihr Hund Stimmungen auf? Macht sich bei ihm gleich Weltuntergangsstimmung breit, wenn bei Ihnen zu Hause mal dicke Luft herrscht? Verhält er sich wie eine »Prinzessin auf der Erbse« und lebt gern mal seine schlechte Laune aus? Begleitet er Sie auf Schritt und Tritt wie ein Schatten, sodass Sie nicht einmal dass stille Örtchen aufsuchen können, ohne dass er an der Tür patrouilliert?

Erfahren Sie nun mehr über den Mond und seine Auswirkungen im Tierkreiszeichen Ihres Hundes.

Der Mond im Zeichen Widder

Wer Widder-Mond-Hund ist eher aufbrausend und kann schon mal den »lieben« Nachbarn mit Dauerbellen das Leben schwer machen. Er wird nicht verstehen, warum Sie ihm den Mund verbieten, wenn er nur seinem Job als Wachhund nachkommt. Sein Beschützerinstinkt ist mehr als ausgeprägt. Die Kunst liegt darin, ihm das Gefühl zu geben, er hätte es gerade selbst so machen wollen. Mit Willkür kommt er nicht zurecht, er wird sich dann nicht mehr auskennen und ganz auf stur schalten. Ihr Widder-Mond-Geborener braucht sehr viel Liebe und jeden Tag aufs Neue die Bestätigung, dass er und nur er von Ihnen geliebt wird. Ein richtiges Problem hat er damit, wenn Sie es wagen sollten, einen anderen Hund zu streicheln.

Sein ungestümes Verhalten versetzt alle Zartbesaiteten in Angst und Schrecken. Begeisterungsfähig wie er nun mal ist, findet er alles sofort toll – alles und jeden, egal ob Kauknochen oder abgewetztes Spielzeug. Der Besitz geht natürlich sofort auf ihn über! Sein Widder-Mond lässt ihn sich auch schnell heiß und innig verlieben. Das Objekt seiner Begierde sollte bestenfalls sofort seinem Werben erliegen. Um seinen Umtrieben entgegenzuwirken, möchte man fast zu einer Kastration raten. Dann müssen Sie Ihren Wildfang wenigstens nicht ständig suchen. Denn für ihn herrscht immer Frühling! Selbst ein voller Fressnapf kann ihn nicht von seinen heißblütigen Ausflügen abhalten.

Sein Widder-Mond ist dafür verantwortlich, dass er unbedacht, fast kopflos losrennt und sich nicht selten dabei verletzt. Bei dieser Mondstellung ist er entsprechend anfällig für Kopf- und Augenverletzungen. Solange er noch aufmüpfig seinen Platz behauptet, können Sie sich den Gang zum Tierarzt sparen, wenn Sie genug Desinfektionsspray zu Hause haben. Wegen seiner überschäumenden Lebensfreude kann man ihm mit seinem großen und liebevollen Hundeherz aber niemals richtig böse sein, auch wenn er mal wieder etwas ausgefressen haben sollte.

Der Mond im Zeichen Stier

Ihr Stier-Mond-Hund braucht von Ihnen ein absolutes Gefühl von Sicherheit, um sich pudelwohl zu fühlen. Er ist ein sehr kuscheliger und treuer Weggefährte, der ein freundliches und ausgeglichenes Wesen an den Tag legt und Ihnen bis ans Ende der Welt folgt.

Mit einer längeren Abwesenheit von Ihnen hat er sehr zu kämpfen. Nach einer längeren Trennung wird er Sie zunächst einmal keines Blickes würdigen, denn er fühlt sich Ihnen zu stark verbunden, um so etwas zu tolerieren. Er ist überaus nachtragend und wird daher erst nach diversen Annäherungsversuchen Ihrerseits zögerlich Ihren Zärtlichkeiten erliegen.

Zart und liebevoll geht er dann aber wieder mit Ihnen um und würde Sie höchstens dezent anbrummeln, um Sie an sein obligatorisches Leckerli zu erinnern. Sachte wird er dieses entgegennehmen, ohne Sie vor Gier in die Hand zu zwicken. Mit seiner zurückhaltenden Freundlichkeit und seinem Charme wird er nicht selten auch die Sympathien von weniger hundebegeisterten Menschen einheimsen. Wenn er jedoch Ihre Aufmerksamkeit über die Maßen teilen muss, kann er schon mal angsteinflößend die Zähne fletschen, um die drohende Konkurrenz zu vergraulen. Sein Territorium verteidigt er bis zum Letzten und würde ungebetene Gäste niemals in die heimischen vier Wände lassen.

Eine eigene Hundehütte, in die er sich jederzeit verkrümeln kann, ist für ihn das absolute Nonplusultra! Stolz wird er diese zu verteidigen wissen und sie nicht nur bei Schmuddelwetter gern aufsuchen. Fühlt er sich ungerecht behandelt, kann er dies zwar verzeihen, aber vergessen wird er es bis zu seinem letzten Atemzug nicht. In punkto Gesundheit sind Stier-Mond-Hunde anfällig für Probleme mit den Zähnen, dem Kiefer oder dem Hals.

Ein geregelter Tagesablauf und das Gefühl von Sicherheit machen diesen Hund rundum glücklich. Wenn er gefressen hat, Gassi war und ausgiebig gestreichelt wurde, dann liegt er stundenlang zufrieden schnarchend auf seinem Lieblingsplatz. Für ihn kann es keinen schöneren Zustand auf dieser Welt geben!

Der Mond im Zeichen Zwilling

Wenn Ihr Hund den Mond im Zwilling hat, liebt er die Abwechslung und ist meist nur oberflächlich an allem und jedem interessiert. Lieber geht er mit Ihnen schnellen Schrittes einen längeren Spaziergang und überfliegt nur kurz die »Hundezeitung« an jeder Ecke, als ausgiebig überall die Nase hineinzustecken.

Er ist sehr aufgeweckt und auffallend flink, auf andere wirkt er öfter einmal überdreht und unruhig. Jedes noch so kleine Geräusch oder eine Bewegung versetzt ihn in Alarmbereitschaft, er fühlt sich schnell aus dem Gleichgewicht gebracht. Sein Zwilling-Mond lässt ihn etwas zu nervösen Spannungen neigen. Dieser Hund benötigt daher immer wieder Hechelpausen, um sich einzupendeln und ruhiger zu werden. Mit einem Zwilling-Mond hat er unter Umständen auch den Hang zu einer kleinen Schwäche, was Lunge, Schultern und Beine betrifft.

Im Umgang mit anderen Hunden besticht er durch seine Offenheit und fühlt sich beim Spielen in der Gesellschaft gleichaltriger oder jüngerer Hunden am wohlsten. Bei einem Spaziergang liebt er es, so mancher Zwischenstation einen Besuch abzustatten – egal ob er dann beim Bäcker oder Metzger vor der Tür warten muss. Und wenn er dann auch noch von der Verkäuferin ein kleines Leckerli abstauben kann – vorausgesetzt Herrchen oder Frauchen gestattet es –, dann ist seine Welt in bester Ordnung.

Mit Sicherheit können Sie schon gar nicht mehr zählen, wie oft man Ihnen schon gesagt hat, was Sie da für einen netten Hund bei sich haben! An ihm ist wahrlich ein Clown verloren gegangen, denn er verfügt über einen ausgesprochenen Sinn für Humor und legt gerne eine kleine One-Man-Show hin, bei der der Applaus bestimmt nicht lange auf sich warten lässt. Er flirtet mit allem und jedem und ist dabei nicht besonders wählerisch, Hauptsache die Begegnung fühlt sich interessant und erfrischend an. Er weiß ganz genau, welche Vorteile es hat, sich mit dem einen oder anderen gut zu stellen, dazu bedarf es keiner tiefen emotionalen Verbundenheit. Er verhält sich sozusagen wie ein Schmetterling im Sommerwind, der von Blume zu Blume fliegt und sich nicht in tiefgründigen Gefühlen verirrt.

Der Mond im Zeichen Krebs

Der Mond im Krebs-Zeichen macht Ihren Hund sehr sensibel und lässt ihn eine symbiotische Verbindung zu Ihnen aufbauen. Bei dieser Mondstellung bringt er mit seiner sensitiven Ader die besten Voraussetzungen mit, die ihn als Blindenhund qualifizieren würden! Diese Verbundenheit ist so stark, dass er schon fast zur Hörigkeit tendiert oder im Gegenzug auch ganz schön herrisch sein kann. Schon nach kurzer Zeit der Trennung von Ihnen wird er schrecklich leiden. Dies kann sogar so weit gehen, dass er bei einem Hundesitter die Nahrung so lange verweigert, bis er endlich wieder bei Ihnen ist. Sein ausgeprägter Familiensinn und seine Liebe zu Kindern machen diesen Hund somit auch zu einem Bilderbuch-Familienhund! Wenn das gesamte Familienrudel zusammen ist, dann fühlt er sich erst so richtig pudelwohl.

Ein Krebs-Mond-Hund hat ein großes Bedürfnis nach emotionaler Sicherheit. Er wird immer versuchen, lieb und brav zu sein, damit er auch ja nicht in Ungnade fällt. Denn seine größte Angst ist es, von Ihnen verlassen zu werden. Wenn sich er unverstanden oder verletzt fühlt, wird er sich wie der »geprügelte Hund« in sein Körbchen verziehen und auch nicht mit dem allerfeinsten Leckerli aus seiner Schmollecke herauszulocken sein.

Seine Kuscheldecke werden Sie nur unter Protest in die Waschmaschine stecken können. Wenn Sie es doch schaffen, ist es ratsam, dass Sie ihr anschließend wenigstens Ihren Geruch verleihen. Ansonsten könnte es gut sein, dass er erst einmal einen großen Bogen um das frisch gewaschene Stück macht. Wenn Ihr Mond-Krebs-Hund aber einmal etwas angestellt haben sollte, wird es eindeutig an Ihnen sein, das Kriegsbeil zu begraben. Er selbst ist dazu leider außerstande. Im Gegenteil wird er Ihnen durch seine ständige Vorwurfshaltung eher ein schlechtes Gewissen einimpfen. Und mit seinem Debüt als sterbender Schwan kann er durchaus schon mal ein Glasauge zum Weinen bringen, nur um damit mehr Aufmerksamkeit zu erhalten.

Sein Krebs-Mond lässt ihn überaus faul, man möchte fast sagen träge erscheinen. Die meiste Zeit wird er auf seinem Lieblingsplatz liegen, verträumt an seinem Spielzeug oder Knochen nagen, bis das Kommando zum Gassigehen ertönt.
Seine Gesundheit ist stark von der harmonischen Stimmung um ihn herum abhängig. Er ist überaus dünnhäutig und leicht aus der Bahn zu werfen. Wenn daheim mal miese Stimmung herrschen sollte, bezieht er immer gleich alles auf sich, auch wenn es in Wirklichkeit gar nichts mit ihm zu tun hat.

Mit dem Mond im Krebs sind im Extremfall Brust, Magen, Galle oder Leber seine Schwachstellen. Sein verschmustes und verletzliches Wesen verleiht ihm eine Welpenhaftigkeit, die er immer beibehalten wird, mitunter auch, um sich die Vorzüge eines Nesthäkchens zu sichern.

Der Mond im Zeichen Löwe

Mit dem Mond im Zeichen Löwe wird Ihr Hund mit seinem sonnigen Gemüt großspurig und stolz durchs Hundeleben dackeln. Sein Hundeuniversum dreht sich hauptsächlich um sich selbst. Er kann es nicht verstehen, wenn ihm jemand vielleicht einmal nicht das gleiche Gefühl entgegenbringt. Schließlich ist er der König der Tiere – und zwar in Form eines Hundes!
Wenn er gute Laune hat, ist er mit allem sehr großzügig. Spielzeug oder sogar Kauknochen werden Gleichgesinnten gönnerhaft überlassen, ohne ein großes Drama daraus zu machen. Bei dieser Mondstellung kann er aber durchaus auch sehr extrovertiert, fast schon selbstgerecht und anmaßend wirken. Er will in der Regel nicht nur irgendwo mit vorn dabei sein, sondern schon der Erste! Generell uneinsichtig reagiert er selbst dann, wenn Herrchen oder Frauchen ihn einmal zu Recht rügen. Ihr Löwe-Mond-Hund fühlt sich dann zu Tode gekränkt, schleicht hundsbeleidigt in sein Körbchen und würdigt Sie keines Blickes mehr.

Lieber wäre es ihm da schon, man würde ins gleiche Horn stoßen und ihm die Anerkennung angedeihen lassen, die ihm natürlich gebührt. So könnte er königlich die Szene verlassen und müsste sich nicht der Schmach eines gerügten Hundes hingeben. Doch selbst das wird seiner gesund ausgeprägten Selbstliebe keinen Abbruch tun, während ein Krebs-Mond-Hund an seiner Stelle Stunden leiden würde und am Boden zerstört wäre, bis sich sein Besitzer endlich seiner erbarmen und ihn mental wieder aufrichten würde.

Eventuelle gesundheitliche Schwachpunkte sind bei einem Löwe-Mond Herz, Wirbelsäule und der Blutkreislauf. Doch ansonsten ist Ihr Löwe ein lebenshungriger Genießer. Er weiß einfach die angenehmen Seiten des Lebens zu schätzen, ob es sich da um einen Leckerbissen oder um einen kuscheligen Schlafplatz handelt. Immer wird er den richtigen Zeitpunkt abpassen, um von allem das Beste abzugreifen.

Der Mond im Zeichen Jungfrau

Der Mond in der Jungfrau lässt Ihren Hund sehr unkompliziert und ohne Macho- oder Divenallüren erscheinen. Er möchte auf gar keinen Fall unangenehm auffallen, um ja nichts an Zuneigung von Herrchen oder Frauchen einzubüßen. Immer wieder wird er sich Streicheleinheiten bei Ihnen erhaschen wollen, wenn er Ihnen ohne Aufforderung seine erlernten Tricks zum Besten gibt. Nicht etwa, um sich in den Vordergrund zu drängen, nein, nein, das nicht, sondern einfach, um immer wieder eine Bestätigung Ihrer Liebe zu erhalten und sich auch dementsprechend geliebt zu fühlen.

Wundern Sie sich nicht, wenn er Ihnen nach einer Zurechtweisung nicht mehr von der Seite weicht. Ihr Hund hat Angst, einen so großen Fehler gemacht zu haben, dass dieser Ihre Liebe zu ihm infrage stellen könnte. Mit einem Jungfrau-Mond hat dieser Hund die Veranlagung, sich pflegeleicht zu geben und nicht zu sehr aus der Reihe zu tanzen. Gewissenhaft wird er meist auf Ihr Kommando hören und brav ins Körbchen gehen, wenn Sie es ihm anordnen, selbst wenn er lieber noch eine Runde durch den Garten gedreht hätte.

Bei psychischer Belastung reagiert er mit einem nervösen Magen. Wegen seines Jungfrau-Mondes sind Darm, Milz und die Nerven seine Schwachpunkte. Blähungen, die einen ABC-Geruchsalarm auslösen und einen ausgewachsenen Bären töten könnten, sind keine Seltenheit. Schlimmstenfalls wird er sein Fressen nicht bei sich behalten und öfter mal zu Durchfallerkrankungen neigen. Ganz viel Fürsorge und gesundes Futter sind dann die allerbesten Heilmittel für ihn.
Vorsichtig wird er mit seiner Umwelt in Kontakt treten und seine Scheu nur ablegen, wenn er erst einmal Vertrauen aufgebaut hat. Eine zu schnelle Annäherung von Fremden verschreckt ihn jedenfalls garantiert. Denn der Jungfrau-Mond lässt ihn eher zurückhaltend erscheinen. Auch seine Liebesbekundungen kommen daher – zumindest anfangs – nur zögerlich, da er seine tiefen Gefühle zunächst nur schwer zeigen kann.

Der Jungfrau-Mond-Hund besitzt nicht besonders viel Selbstvertrauen. Deswegen ist es gut möglich, dass er verunsichert auf ungewöhnliche Situationen reagiert und sich ängstlich hinter Ihnen versteckt, knurrt oder gar aufgeregt bellt. Jedoch lässt er sich auch ebenso schnell wieder von Ihnen beruhigen, wenn Sie ihn glaubwürdig von der Unbedenklichkeit der Situation überzeugen.

Der Mond im Zeichen Waage

Der Waage-Mond macht Ihren Hund zu einem liebenswürdigen und charmanten Vierbeiner, der es sehr gut versteht, Herrchen oder Frauchen mit Leichtigkeit um seine Pfote zu wickeln. Harmonie ist sein Lebenselixier, er braucht sie wie die Luft zum atmen und das in jeglicher Beziehung. Wenn bei Ihnen zu Hause dicke Luft herrscht, dann kommt er garantiert in Konflikt, zu welcher »Partei« er halten soll. Er hat Sie doch alle lieb und kann nicht verstehen, warum es überhaupt zu Unstimmigkeiten kommt. Dies bringt ihn ganz schön aus dem Gleichgewicht und er reagiert dann recht launisch oder mit kleinen Wehwehchen.

Mit seinem Mond in der Waage fühlt er sich immer unverstanden, vielleicht liegt es daran, dass er selbst nicht aus seinen Gefühlsduseleien schlau wird. Klar, dass es ihm dann auch keiner so wirklich recht machen kann. Auf Fremde, handle es sich um Zwei- oder Vierbeiner, geht er überaus freundlich und höflich schwänzelnd zu. Seine soziale Kompetenz und der fehlende Egoismus machen ihn zu einem beliebten Spielkameraden. Der Kontakt und Austausch mit Gleichgesinnten sind sehr wichtig für ihn. Doch durch diese Mondstellung ist er nicht besonders auf tiefe Hundefreundschaften angewiesen, obwohl er sich diese vielleicht auch sehr wünschen mag.

Auf Nieren, Blase und Hüfte sollte man ein besonderes Augenmerk haben, dies sind seine Schwachpunkte. Der Waagemond bereitet ihm Schwierigkeiten in der Entscheidungsfindung. Er fühlt sich sehr unwohl, wenn er zu viele Auswahlmöglichkeiten hat. Entscheidungen sollten Sie ihm als Herrchen oder Frauchen am besten von vornherein abnehmen – egal ob es sich um Futter oder Spielzeug handelt.

Beim Fressen kann er sich durchaus einen Namen als Feinschmecker machen, er ist extrem heikel und kritisch, was das Thema Futter betrifft. Seiner Unbeständigkeit lässt schwer erraten, was er denn heute gern in den Hundenapf haben möchte. Selten wird er zu den Hunden gehören, die einen Mülleimer plündern, dann wird er schon eher etwas in Nasenweite vom Tisch stibitzen.

Der Mond im Zeichen Skorpion

Mit einem Skorpion-Mond hat es Ihr Vierbeiner faustdick hinter den Hundeohren! Er ist ein außerordentlich feinfühliger Hund, welchen eine zauberhafte und fast schon geheimnisvolle Aura zu umgeben scheint. Durch seine Sensibilität könnte man ihm durchaus zugestehen, dass er in einen »hineinfühlen« kann und Gefühle und Unstimmigkeiten erahnt. Liebevoll wird er Herrchen oder Frauchen auch in dunklen Stunden zu trösten versuchen, um ihnen so die nötige Kraft geben wollen. Seine introvertierte Art lässt manchmal schwer erkennen, wo seine »Schmerzgrenze« liegt.

Ob Sie einen anderen Hund in seinem Beisein streicheln oder gar füttern dürfen, ist schwer zu sagen und kann durchaus zu einem mittelgroßen Drama führen. Wenn man ihn auf der falschen Pfote erwischt, kann er ganz schön empfindlich und auch rachsüchtig reagieren. Nicht selten verhält er sich Ihnen gegenüber schroff und wird Sie vielleicht auch mal in die Hand zwicken, da er dann keinen anderen Ausweg sieht, seinem Frust Luft zu machen.

Bei dieser Mondstellung sind Geschlechtsorgane, Harnleiter und gegebenenfalls die Prostata seine Schwachpunkte. Wenn sich Ihr Skorpion-Mond-Hund ungerecht behandelt fühlt, wird er schmollend in seinem Körbchen verharren und Ihnen vielleicht aus Rache noch einen Hausschuh zerfleddern. Doch im Grunde genommen besitzt er ein großes, offenes und ehrliches Hundeherz, auch wenn man ihn wegen seiner unverblümten Art manchmal als etwas rüde empfinden könnte.

Er ist sehr starrköpfig und eigenwillig. Da kann man mit Engelszungen stundenlang auf ihn einreden: Wenn er nicht will, dann will er nicht. Er lässt nur seine eigenen Wünsche und Bedürfnisse gelten. Dies hat auch zur Folge, dass er eifersüchtig Ihre volle Aufmerksamkeit ganz für sich beansprucht. Mit dieser Mondstellung ist er ein intensiv liebender Vierbeiner, der Ihnen bis zu seinem allerletzten Atemzug tief verbunden sein wird, sodass man ihm wegen gelegentlicher Unzulänglichkeiten auf gar keinen Fall böse sein kann.

Der Mond im Zeichen Schütze

Mit einem Schütze-Mond wird Ihr Hund überaus abenteuerlustig und fröhlich schwänzelnd durchs Leben tapsen. Er legt eine Sorglosigkeit an den Tag, die einen neidisch werden lässt, und schließt mit seiner Offenheit schnell Freundschaft, egal ob Hund oder Mensch. Die Bindung sowohl zu Ihnen als auch zu anderen Bezugspersonen sowie Spielkameraden ist sehr wichtig für ihn. Gut ausgerüstet mit einem gesunden Selbstbewusstsein und seiner freundlich-optimistischen Erscheinung wird sich kaum einer seinem Spieltrieb entziehen können. Falls doch, dann wird er so lange keine Ruhe geben, bis jemand den Ball wirft oder sich ein vierbeiniger Freund seiner erbarmt und mit ihm auf der Wiese herumsaust.

In Sachen Futter und Spielsachen versteht er gar keinen Spaß! Wehe dem, der sich traut ihm etwas streitig zu machen. Wenn er schon etwas abgibt, dann will er es großmütig verschenken. Zu Hause sollten sich besser keine wertvollen Gegenstände in seinem Wedelradius befinden. Den Schaden wird Ihnen leider keine Versicherung ersetzen, doch wenn Sie alles in Sicherheit bringen, werden Sie mit ihm viel Spaß haben.

Allerdings können Sie ihn mit ausreichend Bewegung, ob mit Fahrrad oder Rollerskates, gut auspowern und so seiner Hyperaktivität entgegenwirken, die sonst kleinere oder größere Missgeschicke auslöst. Sein Schütze-Mond macht ihn jedoch leicht anfällig für Oberschenkel-, Venen- und Muskelleiden. Seine Zärtlichkeiten sind meist stürmisch, was auf gar keinen Fall böse gemeint ist, sondern an der ungebremsten Impulsivität liegt, die ihm der Schütze-Mond verleiht. Trotz seiner feurigen Annäherungsversuche ist er sehr empfindlich und verletzlich. Er braucht viel Lob und Zuneigung, um sich richtig wohl zu fühlen.

Dieser Hund weiß, wie er seinen Bedürfnissen unmissverständlich Ausdruck verleiht, und mit einer Selbstverständlichkeit erwartet er, dass der geliebte Zweibeiner rund um die Uhr für ihn parat steht und ihn bestenfalls bei seinen Abenteuern begleitet oder wenigstens nicht davon abhält. Dann fühlt er sich grandios und ist der glücklichste Hund der Welt!

Der Mond im Zeichen Steinbock

Wenn Ihr Hund einen Steinbock-Mond hat, ist er eher zurückhaltend und vorsichtig. Auf Fremde wirkt er reserviert und kühl – fast schon unnahbar. Er benötigt unbedingt das Gefühl von Sicherheit, und das in jedem Lebensbereich. Wenn er im Garten »Wache schiebt«, wird ein Einbrecher nicht einmal im Traum daran denken, bei Ihnen über den Zaun zu steigen. Mit coolem, berechnendem Blick scannt er seine Umgebung und es wird ihm nichts entgehen – kein Geräusch, keine Bewegung bleibt unbeachtet. Dieser Hund ist sehr ehrgeizig beim Verrichten seiner (oft selbst auferlegten) Aufgaben, und er ist ein absolutes Gewohnheitstier. Wunderbar, wenn Herrchen oder Frauchen ein großes Grundstück besitzen, auf dem er patrouillieren kann. Er ist überaus pflichtbewusst und verantwortungsvoll, denn er will sich sein Futter »verdienen«. Dann fühlt er sich erst als vollwertiges Mitglied der Familie.

Doch wenn Sie in einer Wohnung mit ihm leben, kann es wegen seines Beschützer- und Aufpass-Eifers durchaus Schwierigkeiten mit den lieben Nachbarn geben. Versuchen Sie es vielleicht mal mit Klickertraining, Nasenarbeit oder einer ähnlich anspruchsvollen Betätigung, die seinen Interessen zusagt, um ihn auf andere Weise auszulasten. Mit dieser Aufgabe machen Sie ihn zum einen glücklich und ersparen sich zum anderen einen eventuell drohenden Umzug.

Seine bescheidene und zurückhaltende Art darf Herrchen oder Frauchen nicht vergessen lassen, dass er sehr großer Zuneigung und vieler Streicheleinheiten bedarf, da emotionale Sicherheit für ihn essenziell ist. Bei einem Mangel daran kann es bei ihm durchaus zu einem melancholischen, fast schon depressiven Gemütszustand kommen. Neben dieser psychischen Disposition macht ihn sein Steinbock-Mond anfällig für Knochen, Gelenk- und Hautproblematiken.

Wenn er sich zurückgesetzt fühlt, reagiert er überaus empfindlich und mutiert zu einer Sphinx. Will er kuscheln, wird sich Ihnen zärtlich, fast schon verschämt annähern und Sie mit seiner nassen Hundeschnauze liebevoll anstupsen. Im Gegensatz zum Beispiel zu einem Löwe-Mond-Hund, der vehement einfordert, was ihm vermeintlich zusteht. Wenn Ihr Steinbock-Mond-Geborener nicht mit genug Selbstbewusstsein gesegnet ist, kann es jedoch auch vorkommen, dass er berechnende und vereinnahmende Wesenszüge an den Tag legt. Nur sehr langsam wird er jemandem Zugang zu seinem goldenen Hundeherzen gewähren, aber wenn es erst einmal soweit ist, dann dafür auf immer und ewig!

Der Mond im Zeichen Wassermann

Mit einem Wassermann-Mond ist Ihr Hund zwangloser und autonomer Gesinnung. Um sich in seinem Fell wohl zu fühlen, bedarf er einer immensen emotionalen Freiheit. Allzu enge Beziehungen, auch zum geliebten Zweibeiner, lösen bei ihm ein beengendes Gefühl aus – zum Leidwesen manches Hundebesitzers, der sich einen anschmiegsamen und hörigen Vierbeiner wünscht.

Natürlich braucht auch er Zuwendung und Zärtlichkeit, doch es ist an ihm, es sich bei Ihnen zu holen. Er trifft sich eher auf der freundschaftlichen Ebene mit seinen Lebensgenossen und benötigt viel Freiraum. Gern können Sie ihm gleich mehrere Körbchen in Haus und Garten verteilen, dann kann er sich aussuchen, wo er denn gern nächtigen möchte. Er liebt die Abwechslung zum normalen Hundealltag, und wenn er da bei einem Hundesitter volles Programm geboten bekommt, fühlt er sich auch richtig wohl. Ganz zum Leidwesen von Herrchen und Frauchen, denen er kaum eine Hundeträne nachweint.

Wenn er nicht genug Kontakt zu anderen Hunden oder genügend Auslauf hat, neigt er bei seinem Wassermann-Mond zu exzentrischem Verhalten. Ein barscher Befehlston trifft bei ihm definitiv auf taube Schlappohren, in diesem Fall wird er dann gleich ganz auf stur schalten. Immer die gleiche Gassirunde abzudackeln, ist für ihn extrem unbefriedigend. Nur Abwechslung bei den tagtäglichen Ruten und Wege macht ihn rundum glücklich.

Alles Neue ist interessant für ihn und verleiht ihm ein gutes Gefühl, dieser Hund ist alles andere als ein Gewohnheitstier. Wenn Sie ihm nicht angewöhnt haben, sein Futter pünktlich auf die Minute zu bekommen, wird er sehr gut mit einer flexiblen Zeiteinteilung der Mahlzeiten leben können. Wenn ihm der Magen knurrt, macht er sich mit Sicherheit eindeutig bemerkbar.

Bei einem Wassermann-Mond neigt er zu einer Schwäche von Venen, Unterschenkeln und Sprunggelenken. Ansonsten ist dieser Hund der geborene Begleiter für ein Herrchen oder Frauchen, das genauso wie er einen unkonventionellen Lebensstil und seine Unabhängigkeit liebt.

Der Mond im Zeichen Fische

Mit dem Mond in den Fischen ist Ihr Hund überaus sensibel und wankelmütig. Sein Bedürfnis zu lieben ist genauso groß wie das, geliebt zu werden. Er strebt schon fast eine symbiotische Verbindung mit Ihnen an. Körperkontakt und Zärtlichkeiten sind für ihn essenziell, nur sehr schüchtern wird er Streicheleinheiten bei Ihnen einfordern.
Als Welpe braucht er viele Kuscheltiere oder eine besonders flauschige Hundedecke. Er ist der geborene Schoßhund. Selbst wenn er so groß wie ein Riesenschnauzer ist, wird er ständig versuchen, sich auf Ihren Schoß zu setzen. Seine größte Angst ist es, von Ihnen nicht genug geliebt zu werden. Seine Hingabefähigkeit ist grenzenlos.

Ihm Manieren beizubringen, gestaltet sich hingegen bei ihm nicht ganz so einfach, seine Verspieltheit macht einen strukturierten Lernvorgang so gut wie unmöglich. Genüsslich und verträumt wird dieser Hund stundenlang an einem Spielzeug kauen können, ohne dass ihn Langeweile überkommt. Er genießt es, den lieben langen Tag faul in seinem Körbchen zu liegen. Ganz im Gegensatz zu einem Zwilling-Mond-Hund, der meist nervös von einer Pfote auf die andere tapst.

Seine hohe Sensitivität verleiht ihm schon fast mediale Fähigkeiten, die ihn unbewusst mit Nahestehenden in Kontakt treten und an deren Gefühlswelt direkt teilhaben lassen. Auch bei seinen Handlungen wird er weitgehend von seiner Intuition geleitet. Da er oft etwas im Vorfeld erspürt, bringt er Sie immer wieder in verwirrende Situationen. Deswegen neigt er auch zu extremen Stimmungsschwankungen. Eine liebevolle Umgebung ist sehr wichtig für ihn, wegen seiner hohen Empfindsamkeit beunruhigt ihn die kleinste Missstimmung. Wenn er durch sein Umfeld dauerhaft emotionalen Spannungen ausgesetzt ist, kann er zu neurotischen Anwandlungen neigen. Bei seinem Fische-Mond neigt er dazu, sich leicht die Pfoten zu verletzen.
Nur schwer ist er in den Dienst eines Wachhundes zu stellen. Er hat »mehr Angst als Vaterlandsliebe« und wird sich einem Einbrecher nicht unbedingt heldenhaft in den Weg stellen. Doch den Lärm, den er bei ungebetenen Gästen macht, wird durchaus jede Alarmanlage in den Schatten stellen.

3 Kommunikation und Intellekt – Die Bedeutung des Merkurs im Horoskop

Der Merkur steht zunächst einmal für die Kommunikation. Hier klärt sich die Frage: Ist Ihr Hund ein verkannter Dauerkläffer, der der Welt einfach nur Vieles mitzuteilen hat, oder bevorzugt er gern andere Mittel und Wege, um mit Ihnen oder anderen in Kontakt zu treten?

Gleichermaßen wird durch den Merkur aber auch der Intellekt genauer beleuchtet. Würde Ihrem Hund der Pulitzer-Preis zustehen, wenn er sich in Wort und Schrift ausdrücken könnte, oder scheint er selbst bei einfachen Aufgaben schon etwas überfordert?

Erfahren Sie nun, was der Merkur in den einzelnen Tierkreiszeichen »anrichtet«.

Der Merkur im Zeichen Widder

Es ist eine besondere Herausforderung, diesem Hund Disziplin und Manieren beizubringen. Falls es Ihnen doch gelingen sollte, steht Ihnen das Bundesverdienstkreuz für besondere Leistungen zu. Ihr Trotzkopf braucht ganz klare Grenzen und strikte Disziplin. Geduld ist gar nicht seine Sache. Er liebt die Herausforderung und leider steht bei ihm Handeln vor Denken. Er will bei allem immer ganz vorn dabei sein und da ist ihm fast jedes Mittel recht.

Rücksicht ist nicht gerade einer seiner Stärken. Auf der Hundewiese werden Sie ihn regelmäßig wegen seiner streitlustigen Allüren zurechtweisen müssen, weil er immer wieder den großen Macker heraushängen lässt. Er würde sich trotzig lieber eine Pfote abbeißen als nachzugeben. Er ist alles, der Einzige und niemand denkt so großartig wie er.

Eine Familienpackung Ohrenstöpsel sollten Sie vom Züchter gleich mitliefern bekommen, da Ihr Hund mit einem Widder-Merkur nicht nur Ihnen viel zu »erzählen« hat. Gern wird er am Gartenzaun jeden Vorbeigehenden mit lautem Gebell verschrecken und ihn nur, wenn er gute Laune hat, mit einem Schwanzwedeln begrüßen. Er kommt seinem Job als »Alarmanlage« äußerst gewissenhaft nach, ohne dass ihn jemand darum bitten müsste. Wie gesagt: Er ist der Größte und Tollste und das darf schließlich auch jeder hören!

Alternativ wird er auf Fiepen, Grummeln oder »Singen« umstellen, wenn Sie ihm das »Wort« verbieten. Denn er MUSS sich einfach äußern. Hoffentlich haben Sie also schwerhörige Nachbarn, ansonsten sollten Sie vielleicht lieber doch auf ein idyllisch gelegenes Landgut mit ihm ziehen.

♉ *Der Merkur im Zeichen Stier*

Eine Fellnase mit dem Merkur im Stier wird Sie immer wieder mit seinen erlernten Kunststückchen überraschen, um Ihnen ja noch einen Leckerbissen aus dem Kreuz zu leiern. Das ist ein legitimer Ansporn, denn er lernt nicht besonders schnell, aber was er einmal verstanden hat, wird er nie wieder vergessen.

Sein Stier-Merkur macht ihn recht eigensinnig, sodass er gern mal stur seinen eigenen Weg dahin trottet und nur schwer die eingeschlagene Richtung ändert, dann geht er mit Ihnen Gassi! Bedächtig tritt er mit seiner Umwelt in Kontakt. Ständig wechselnde Bezugspersonen verunsichern ihn. Er ist alles andere als flexibel. Eine ganze Horde wechselnder Hundesitter ist sein größter Albtraum. Da bleibt er lieber daheim und rührt sich keinen Millimeter, egal wie dringend das Geschäft sein mag.

Ein geregelter und ruhiger Tagesablauf ist ihm am liebsten. Er ist ein Gewohnheitstier und mag kein all zu großes Tohuwabohu um sich herum, dass macht ihn nervös. Hat er es sich einmal gemütlich gemacht, wird ihn keiner so schnell da wieder weg bekommen. Dann will er seine Ruhe und versteht keinen Spaß bei unliebsamen Störungen!

Dieser Hund ist eine Genießernatur, ob es sich um besondere Leckerbissen oder ausgedehnte Schmuseeinheiten handelt, von beidem wird er sich gern locken lassen. Er hat ein herausragendes Gedächtnis und wird mit Sicherheit selbst nach Wochen nicht vergessen haben, wo sein vergammelter Knochen vergraben liegt.

Mit dem Schalk im Nacken ist er meist für ein Späßchen zu haben. Aber so richtigen Schaden würde er daheim nicht anrichten, außer natürlich den englischen Rasen in eine Hügellandschaft verwandeln.

Wegen seiner eher passiven Herangehensweise wird er einen Neuling nur langsam an sich heranlassen und erst nach ausgiebigen Beschnüffeln vielleicht mit ihm Toben. Auf der Hundewiese hat er zweifelsohne so seine Favoriten, mit denen er am liebsten ausgelassen spielt.

Eindeutig wird er Sie auf seine Absichten aufmerksam machen und stur darauf beharren. Da hilft auch kein Ablenkungsleckerli. Die einzige Alternative, seinen Willen durchzusetzen, besteht darin, sich beleidigt in seine Schmollecke zurückziehen.

Große Abenteuer sind nicht ganz so sein Fall, deswegen wird er nicht gleich ausbüxen, wenn der Gartenzaun ein Loch haben sollte. Aber mit Sicherheit wird er darauf bedacht sein, dass kein ungebetener Gast durch dieses hereinkommt.

Der Merkur im Zeichen Zwilling

Wenn Sie einen Hund mit einem Zwilling-Merkur haben, vergessen Sie Stöckchenwerfen & Co. – Sie sind in Ihrer vollen Kreativität gefragt, sonst fällt ihm mit Sicherheit nicht gerade wenig Unfug ein.

Das schlimmste für ihn ist Langeweile. Ständig ist er auf der Suche nach Abwechslung und Zerstreuung. Eine günstige Bezugsquelle

für Hundespielsachen ist bei Ihrem unersättlichen Spielzeugjäger eine begehrte Adresse.
Wenn Sie ihn mal auf der falschen Pfote erwischen, versteht er gar keinen Spaß! In seinem Wesen ist auch eine gewisse Launenhaftigkeit angelegt. Er wird es Ihnen auf irgendeine Weise heimzahlen.

Seine brillanten Intelligenz und herausragende Beobachtungsgabe ermöglichen es ihm, scheinbar nebenbei Handlungsabläufe zu übernehmen. Ihm gezielt etwas beizubringen, ist allerdings eine besondere Herausforderung, denn seine Konzentration wird von seinem ungebremsten Unternehmungsdrang untergraben. Jede noch so kleine Ablenkung, sei es ein herabfallendes Blatt oder der Rasen mähende Nachbar, bringt ihn aus dem Konzept.

Er ist überaus kommunikationsfreudig und macht sich gern lautstark bemerkbar. Eine typische Merkurkrankheit in diesem Zeichen ist eine Schwäche der Atemwege. Der Weg zum Tierarzt ist ein unbedingtes Muss, wenn er husten sollte!

Im Nu findet Ihr Zwilling-Merkur-Vierbeiner auf der Hundewiese Anschluss und wird sich sogleich einem herumtollenden Rudel anschließen. Ihn wieder einzufangen ist schon fast ein Kunststück – wo es gerade doch so schön für ihn ist!

Ihr Zwilling-Merkur-Hund wird keine Gelegenheit auslassen, neue Kontakte zu knüpfen, ohne auf langlebige Freundschaften Wert zu legen. Des Pudels Kern ist spielen – egal mit wem und was! Ideal für Sie, wenn Sie Single sind. Mit ihm kommen Sie in den Genuss, viele Leute kennenzulernen, ob Sie wollen oder nicht! Gewitzt wird er immer wieder versuchen, alle Aufmerksamkeit auf sich zu lenken. Gern wird er Sie überall hin begleiten und Ihnen auch keine Schande bei Kundenbesuchen bereiten. Ganz im Gegenteil, mit seinem aufgeschlossenen und unkomplizierten Wesen wird er Ihnen so einige Türen öffnen, selbst wenn er einer Kampfhunderasse abstammt.

Der Merkur im Zeichen Krebs

Mit dem Merkur im Krebs ist bei Ihrem Hund Denken und Fühlen fast eins. Er hat ein hervorragendes Gedächtnis und kann sehr gut von Ihnen auf verloren gegangene Schlüssel oder Handtaschen abgerichtet werden, denn ihm entgeht fast nichts, was um ihn herum passiert. In der Hundeschule wird er sich als braver und folgsamer Schüler erweisen, doch ist er mit zu vielen Abhandlungen schnell überfordert und hat dann Schwierigkeiten, sich auf das Wesentliche zu konzentrieren.

Sein fast schon diplomatisches Taktgefühl macht ihn zu einem überaus angenehmen Weggefährten, der es meisterhaft versteht sich bei Bedarf von seiner Schokoladenseite zu zeigen. Ein Krebs-Merkur-Vierbeiner ist sehr zartbesaitet und bezieht alles auf sich, was um ihn herum geschieht. Wenn Sie mal schlechte Laune haben, wird er Ihnen ständig zwischen den Füßen herumwuseln, da er glaubt, er hätte Sie verärgert.

Mit infantiler Trotzhaltung wird er Ihnen für Stunden die kalte Hundeschulter zeigen, wenn Sie ihn mal nicht mitgenommen haben sollten. Er ist überaus schnell beleidigt und sehr nachtragend. Dann wird er Ihnen mit vorwurfsvollem Dackelblick ein schlechtes Gewissen einimpfen wollen und es wird nicht einfach sein, ihn wieder milde zu stimmen.

Auch ist sein Merkur im Krebs dafür verantwortlich, dass er gelegentlich launische Phasen durchlebt und Sie nur machtlos zusehen können, wie er leidet, und das auch noch ohne nachvollziehbaren Grund. Dann ist ihm das Lieblingsleckerli nicht gut genug. Er wird naserümpfend an Ihnen vorbeischlendern und sich gern mehrmals zu einem Spaziergang auffordern lassen. Doch die kleinen melancholischen Gewitterwolken am Hundehimmel werden sich bald von alleine verziehen, und dann ist er wieder Ihr gewohnt anhänglicher und fröhlich schwänzelnder Sonnenschein.

Der Merkur im Zeichen Löwe

Ausgestattet mit einem Merkur im Löwen, wird Ihr vierbeiniger Liebling sehr gern im Mittelpunkt stehen und Ihre volle Aufmerksamkeit zu genießen wissen. Er möchte immer mit dabei sein und wird es niemals verstehen, warum er allein daheim warten muss. Zutiefst gekränkt wird er in seinem Körbchen auf Ihre Rückkehr warten und vielleicht aus Frust Ihren Pantoffel annagen.

Er zeigt eine hohe Konzentrationsfähigkeit beim Erreichen der eigenen Ziele. Dies können Sie sich gut zum Vorteil machen, denn für ein begehrtes Lieblingsleckerli wird er sich spielend die gewünschten Tricks aneignen. Er weiß haargenau, wie er an die besten Leckerbissen, den kuschelichsten Schlafplatz oder auf Ihren Schoß kommt. Eine gewisse Berechenbarkeit kann man ihm nicht absprechen, aber bei der charmanten Unverschämtheit, die er an den Tag legt, kann man ihm alles andere als böse sein.

Von Spielkameraden möchte er natürlich huldvoll und mit Respekt behandelt werden. Auf jeden Fall möchte er maßgeblich an der Entscheidung beteiligt sein, was gespielt wird und mit wem. Gleichgesinnte, die sich allerdings seinem Willen widersetzen, werden ignoriert oder es werden ihnen bei Bedarf die Zähne gezeigt. Und hoffentlich gerät er nicht an einen Streithahn, sonst geht es ans Eingemachte. Der Löwe-Merkur lässt ihn zur Selbstüberschätzung neigen, denn er will unbedingt als Sieger vom Platz »dackeln«. Sonst geht er lieber allein mit Ihnen spazieren, dann spielt er auch wieder die erste Geige.

Der Merkur im Löwen hat aber auch eine Kehrseite, denn Ihr Hund lässt sich mehr als ungern sagen, was er zu tun oder zu lassen hat. Kritik an seiner Verhaltensweise ist gar nicht nach seinem Geschmack. Das grenzt seiner Meinung nach ja auch an Majestätsbeleidigung! Stattdessen wird er ganz selbstverständlich sein »Programm« durchziehen, und wenn es sein muss, schwimmt er schon auch mal alleine den Baggersee rauf und runter und kommt erst wieder raus, wenn es ihm zu viel wird und sicher nicht, weil Sie rufend am Ufer stehen. Auch wenn er mal richtig etwas ausgefressen haben sollte, ist er nicht besonders einsichtig. Klein beizugeben oder sich gar zu schämen ist nun einmal nicht gerade seine Art.

Der Merkur im Zeichen Jungfrau

Wenn Ihr Hund seinen Merkur in der Jungfrau hat, könnte er bei seinem herausragenden schauspielerischen Talent durchaus als Filmhund Ihre Haushaltskasse aufbessern. Um Ihnen zu gefallen, würde er sogar die vielen fremden Menschen am Filmset in Kauf nehmen und sein Allerbestes geben.
Er besitzt eine außerordentliche Konzentrationsfähigkeit, die es ihm ermöglicht, Handlungsabläufe schnell zu begreifen und umzusetzen. Gern wird er Ihnen jeden Morgen die vor der Haustür liegende Zeitung holen, wenn Sie es ihm beigebracht haben. Stolz wedelnd kommt er dann mit dem gewünschten Gegenstand angewackelt und freut sich über eine weitere Aufgabe. Vergessene Autoschlüssel trägt er Ihnen nach, bevor Sie überhaupt die Haustüre erreicht haben.

Seine präzise Beobachtungsgabe ist verblüffend. Oft stellt sich die Frage, wie Ihr Hund auf diesen genialen Gedanken gekommen ist. Er versteht jedes Wort und nutzt auf effektivste Weise alle ihm für die Kommunikation zur Verfügung stehenden Mittel.

Als Musterschüler in der Hundeschule beschert er Ihnen viele neidische Blicke verzweifelter Hundebesitzern mit weniger talentierten Artgenossen. Was er einmal gelernt und verstanden hat, wird er nie wieder vergessen. Er ist gewieft und pragmatisch genug, um zu wissen, wann voller Einsatz gefragt ist und wann man auch mit halber Leistung noch ein Leckerli ergattern kann.

Selten wird es ihm passieren, aus Unachtsamkeit einen Gegenstand umzurennen oder umzuwedeln. Eine Ming-Vase oder einen uralten Bonsai können Sie getrost ohne Sicherheitsvorkehrungen stehen lassen. Nur vorsichtig beschnüffeln wird er diese Kostbarkeiten und überhaupt bei allen Dingen, die zum Beispiel bei einem ungestümen Widder-Merkur-Hund auf der »Abschussliste« stünden, keinen Schaden anrichten.

Und wenn ihn nicht gerade der Nachbarhund zu einem Bellduell herausfordert, ist er eher kurz und knapp in seinen Äußerungen. Er ist alles andere als ein nerviger Kläffer.

Der Merkur im Zeichen Waage

Mit Leichtigkeit wird Ihr geliebter Vierbeiner bei einem Waage-Merkur Kontakte knüpfen und kaum mit seiner grenzenlosen Sympathie geizen. Er verfügt über eine schnelle Auffassungsgabe und eine herausragende Intelligenz. In kurzer Zeit wird Ihr Liebling erlernte Kunststückchen zum Besten geben können. Nur wenn er zu viel Ablenkung ausgesetzt ist, hat er so seine Schwierigkeiten, sich zu konzentrieren.

Die Gesellschaft von Gleichgesinnten ist sehr wichtig für ihn. Selbst wenn eine Rauferei ansteht, wird er sich diplomatisch herauslavieren und lieber mit einem weniger aggressiven Hund beim Spielen seine Kräfte messen. Er ist ein Harmonie liebender Hund, Streitigkeiten in jedweder Form stoßen ihn ab. In ihm steckt kein Kämpfer, sondern ein Diplomat allerersten Güte!

Falls Ihr Waage-Merkur-Geborener jemanden wirklich nicht ausstehen kann, wird er diesen einfach ignorieren. Nur selten wird er Ihnen Scherereien bereiten und sich gut anzupassen wissen. Das einzige, was ihm Schwierigkeiten bereitet, ist, wenn er vor Entscheidungen gestellt wird. Soll er nun das Trockenfutter oder lieber den Napf mit frisch Gekochtem wählen, lieber den Ball oder das Stofftier? Nehmen Sie ihm die Entscheidung besser von vornherein ab, dass macht ihm das Leben leichter.

Wenn er sich unfair behandelt fühlt, ist er tief gekränkt und versteht die Welt nicht mehr. Er eignet sich bestens als Bürohund und wird sich den ganzen Tag gut selbst zu beschäftigen wissen. Taktgefühl ist jedoch nicht immer seine Stärke. Allerdings wird er freundlich und charmant mit Kollegen und Kunden anbändeln und Ihnen keine Schande bereiten.

Der Merkur im Zeichen Skorpion

Der Skorpion-Merkur beschert Ihrem Liebling eine enorme Konzentrationsfähigkeit und lässt ihn mit Begabung komplizierte Probleme lösen. Geben Sie ihm immer wieder kleine knifflige Aufgaben. Ein Leckerli- oder Snackball gehört bei ihm zur Standardausstattung.

Als Spürhund wird sich Ihr Skorpion-Merkur-Geborener alle Ehre machen, auch ohne Ausbildung bei einer Sprengstoffhundestaffel. Er liebt es, Verlorenes wiederzufinden und Verstecktes aufzudecken. Gut, wenn sich bei Ihnen eine Goldmine im Garten verbirgt. Eher schlecht, wenn Sie Arges im Schilde führen und er Ihrem Partner stolz einen fremden Schlüpfer bringt, den er unter dem Sofa gefunden hat. Praktisch angewandt können Sie ihn auf verlegte Schlüssel, Lippenstifte, Socken oder Hausschuhe abrichten, die er mit Freuden für Sie finden wird.

Im Umgang mit anderen Hunden weiß er durchaus seinen Standpunkt klarzumachen und sich seinen Status wenn nötig auch zu erkämpfen. Für ihn gibt es nur ein Entweder – Oder und keine Grauzone dazwischen! Für Sie als Hundebesitzer oft kein leichtes Unterfangen, wenn Sie ständig darauf achten müssen, dass die Stimmung nicht kippt und er zum meuchelnden Keifer wird. Bei einem Bellduell muss er schließlich immer das letzte »Wort« haben. Nur gut, wenn Sie grundsätzlich einen großen Bogen um seine speziellen »Lieblinge« machen.

Freundschaften zu Mensch oder Tier sind bei ihm nie oberflächlich, sondern sehr tief und beständig. In der Luft liegende Spannungen können Ihren Skorpion-Merkur-Geborenen verunsichern. Durch seine fast schon medialen Fähigkeiten scheint er Ihnen in die Seele zu blicken und wird äußerst nervös auf sein ins Wanken geratenes Umfeld reagieren.
Er hat einen ausgesprochenen Hang zu Abenteuern. Für ihn ist ein angelehntes Gartentor eine Einladung, um dem Ungewöhnlichen auf die Spur zu kommen.

Der Merkur im Zeichen Schütze

Der Schütze-Merkur Ihres Hundes lässt ihn äußerst schnell Zusammenhänge erfassen und aufgeschlossen in jede Situation spurten. Wenn Sie einen Job als Handelsreisender haben, dann ist er genau der richtige Begleiter auf dem Beifahrersitz! Er schließt schnell Kontakte und wird Ihnen so manche Tür mit seiner positiv freundlichen Art öffnen.

Selbst als betagter Vierbeiner hat er noch etwas von einem verspielten und tapsigen Welpen. Er ist immer für ein Spielchen, vor allem mit frechen Junghunden zu haben. Mit elterlichem Eifer wird er auf einfühlsame und spielerische Weise das ungezogene Jungvolk in die Spur bringen. Aber da er grundsätzlich keinerlei Berührungsängste hat, stürzt er sich immer freudig ins Getümmel.

Ihr geliebter Vierbeiner braucht ganz klare Regeln, sonst läuft er aus dem Ruder und schießt übers Ziel hinaus. Mit seiner überschwänglichen und impulsiven Herangehensweise erwischt er so manchen schrulligen Zeitgenossen auf der falschen Pfote und kassiert nicht selten einen Rüffel. Unberührt wird er sich allerdings auf keinen Disput einlassen und sich einen neuen Spielkameraden suchen, der weniger mimosenhaft ist. Wegen seines ausgeprägten Gerechtigkeitssinns gerät er oft zwischen die Fronten, wenn er einen Streit schlichten will oder einem Schwächeren zu Hilfe eilt.

Zu viel Trubel macht ihn kirre und er hat es dann mit Konzentrationsschwierigkeiten zu tun. Aber wenn wieder Ruhe einkehrt, ist er voll bei der Sache und sehr gelehrig. Er ist ein fleißiger Schüler und lernt Schritt für Schritt am besten.

Stürmisch wird er Ihnen einen Parmaknochen oder einen lang zu kauenden Leckerbissen abnehmen. Wenn sich zwischenzeitlich noch etwas Interessanteres bietet, wird er eine Pause einlegen, um später daran weiterzunagen. Das könnte einem Hund mit dem Merkur im Stier nicht passieren, denn der verspeist alles in einem Ritt bis zum allerletzten Krümel.

Der Merkur im Zeichen Steinbock

Der Steinbock-Merkur verleiht Ihrem treuen Liebling ein ausgeglichenes und aufrichtiges Wesen. Wenn er satt und zufrieden im Körbchen liegt, strahlt er eine unwahrscheinliche Ruhe aus, die auch bei einem gestressten Zweibeiner ihre meditative Wirkung nicht verfehlt.

In allem, was Ihr Steinbock-Merkur-Geborener anstellt, ist er überaus hartnäckig und ausdauernd. Man könnte ihn durchaus als stur und unnachgiebig bezeichnen. Wenn er sich etwas in den Dickschädel gesetzt hat, wird er Ihnen mit einer Engelsgeduld seinen Willen aufzwingen, bis Sie entnervt nachgeben. Stoisch wird er seinen Gedanken verfolgen, egal wie lange es dauert. Das kann er aussitzen!

Gründlich und systematisch wird von ihm das Terrain beim Gassigehen durchkämmt und keine Stelle ausgelassen. Ein

Spezialeinsatzkommando könnte nicht besser orten, wo der Nachbarshund seine Marke hinterlassen hat.
Er verfügt über einen klaren Verstand und geht alles methodisch mit Logik an. Dabei ist er nicht der Schnellste, aber enorm sorgfältig. Seine Konzentrationsfähigkeit, sein Erinnerungsvermögen sind immens und das macht sich auch angenehm beim Training in der Hundeschule bemerkbar.
Fremde Zwei- oder Vierbeiner werden von ihm vorsichtig aus sicherer Distanz beäugt, bevor er sich langsam annähert. Allzu stürmische Spielgefährten sind nicht sein Fall, außer es handelt sich um »alte« Hundefreunde.
Er ist eher introvertiert und wird im Gegensatz zu einem Hund mit einem Zwilling-Merkur, der überschwänglich auf einen zugehüpft kommt, eine eher reservierte Haltung einnehmen.

Der Merkur im Zeichen Wassermann

Aufgeschlossenen, unvoreingenommenen und experimentierfreudig ist Ihr Hund mit einem Merkur im Wassermann. Sein Einfallsreichtum ist unerschöpflich und wird Sie von Zeit zu Zeit in die Verzweiflung treiben. Seine gute Kombinationsgabe und hohe Intelligenz lassen ihn schnell das Gewünschte erlernen, wenn er denn Lust dazu hat.

Mit seiner unheimlichen Wahrnehmungsgabe überrascht er immer wieder aufs Neue. Wenn er beispielsweise Ihrem Erbonkel vor versammelter Mannschaft das Toupet vom Kopf zieht und keiner über Jahre wusste, dass dieser damit sein schütteres Haar versteckt

hielt. Vorsicht, er hat einen ziemlich guten Riecher für Heimlich- und Peinlichkeiten ...
Getrieben von seiner Begeisterung, die Welt zu erforschen und zu verstehen, macht er nicht einmal vor einem laufenden Staubsauger halt, der selbst einen ausgewachsenen Bernhardiner in die Flucht schlägt. Solange er etwas aufregend findet, kann er sich gut darauf konzentrieren. Wenn er nicht ganz ausgelastet ist, wird er unruhig und fast schon nervös. Rastlos wird er den Garten durchkämmen und letztendlich doch noch etwas anstellen.

Er ist ein Eigenbrötler, wie er im Buche steht, der es vorzieht, lieber mit der Nachbarkatze oder einem Eichhörnchen Freundschaft zu schließen, als sich mit langweiligen Artgenossen abzugeben. Im Normalfall wird er mit einem gewissen Abstand und zurückhaltender Freundlichkeit seine sozialen Kontakte auf der Hundewiese pflegen. Unterwerfen lässt er sich jedoch nicht!

Sein Wassermann-Merkur macht ihn außerdem starrköpfig und unnachgiebig. Auf Anweisungen, die ihm nicht in den Kram passen, reagiert er mit tauben Hundeohren. Es ist höhere Psychologie nötig, um ihm den Eindruck zu vermitteln, er hätte es selber so gewollt. Kein einfaches Unterfangen, denn in ihm stecken die Gene eines eigensinnigen Dackels gepaart mit denen eines störrischen Mulis.

Der Merkur im Zeichen Fisch

Mit einem Fische-Merkur macht Ihr vierbeiniger Liebling allzeit einen leicht verträumten Eindruck. Als Jogging-Partner eignet er sich nicht besonders, da er sich beim Zeitunglesen meist nur im Zeitlupentempo bewegt. Für ihn ist die Welt einfach zu aufregend. Ähnlich wie ein Kind, dass das erste Mal einen Zoo betritt oder in einem Spielwarengeschäft steht, so erlebt er jeden Tag aufs Neue voller Erstaunen seine Gassirunde mit Ihnen.

Der Fische-Merkur macht ihn zu einem nachgiebigen und sehr sensiblen Vierbeiner. Bei Fremden besticht er mit seiner zurückhaltenden, sanften, fast schon zärtlichen Art.
Er verfügt über eine herausragende Intuition und wartet schon schwänzelnd an der Tür, selbst wenn die Uhrzeit nie die Gleiche sein sollte. Oder er bringt Ihnen einen Putzlappen aus der Kammer, bevor die Waschmaschine eine Überschwemmung verursacht. Das drängt einem oft den Gedanken auf, er käme nicht von dieser Welt.
Stundenlang kann er an einem Rinderziemer oder Spielzeug nagen, ohne dass ihm langweilig wird. Bestimmt werden Sie des Öfteren in den Genuss halbverwester Überresten kommen, die er schlichtweg in irgendeiner Ecke vergessen hat.
Bei Streitigkeiten unter Gleichgesinnten steckt er eher zurück und reagiert erschrocken auf schroffe Spielkameraden. Ganz im Gegensatz zu einem Merkur-Widder-Hund, der einem Widersacher unverhohlen den Garaus macht.
Selten wird er lauthals bellend unangenehm auffallen, außer etwas bereitet ihm wirklich Angst.

Ihr Fische-Merkur-Hund braucht klare Strukturen und eine starke Führung. Denn er handelt recht unvorsichtig, ohne Überlegung. Hoffentlich sind Sie zur Stelle, wenn er zu nah an der Straße verträumt und alles um sich herum vergessend an einem Blümchen schnüffelt.

4 Liebe und Harmonie – Die Bedeutung der Venus im Horoskop

Die Venus, benannt nach der römischen Göttin der Liebe, steht im Horoskop für Schönheit, Hingabefähigkeit, Harmonie, Genussfreude, Kreativität und Kompromissbereitschaft. Die Venus war im Spiel, als Sie an Ihren treuen vierbeinigen Begleiter gekommen sind. Nicht nur Aussehen und erste zärtliche Annäherungen haben Sie bestimmt dazu bewogen, sich exakt diesen Hund auszusuchen. Die Liebe, die Liebe zu genau diesem Hund und keinem anderem, die Venus hat »Schuld« daran.

In diesem Kapitel erfahren Sie, ob Ihr Hund für eine Putenwiener einem Fremden leichtfertig sein Herz schenken oder stattdessen lieber verhungern würde, wenn nicht Sie ihm den Hundenapf vor die Schnauze stellen. Sieht er immer aus wie frisch aus dem Lotterbett entsprungen oder macht er selbst nach einem Schlammbad noch einen guten Eindruck?

Die Venus im Zeichen Widder

Ein Hund mit einer Widder-Venus ist temperamentvoll, lasterhaft und alles andere als maßvoll, handle es sich ums Fressen, Jagen oder die Hundeliebe. Bei dieser Venusstellung kann man Ihnen nur raten, für so viel Auslauf und Beschäftigung wie möglich zu sorgen, nur dann ist Ihr Hund hoffentlich ausgelastet genug, als dass er noch Kapazitäten für Leidenschaften und Fressorgien hätte. Am besten, Sie treiben auch gern Sport in freier Natur und haben so einen treuen Trainingspartner an Ihrer Seite.

Sie sind seine erste und letzte Anlaufstelle in Sachen Bedürfnisbefriedigung und das wird er Sie auch unmissverständlich spüren lassen – also her mit dem Parmaknochen, und dazu soll ihm der geliebte Zweibeiner beim Nagen noch den Rücken kraulen! Sein Hundeherz ist von jedem ganz leicht mit einer Putenwiener zu erobern. Da kennt er nichts und ist mehr als anspruchslos in dieser Angelegenheit.

Ein Widder-Venus-Hund hat ausschließlich Fressen oder Sex im Kopf. Am reizvollsten findet er stolze und ebenbürtige Hunde, die ihn in seiner Impertinenz vielleicht noch übertreffen mögen. Diese will er sich gefügig machen und lässt so lange nicht locker, bis er sie erobert hat. Selbst ein stinkendes Schlammbad ist ihm nicht zuwider, um auf sich aufmerksam zu machen. Erhält er nicht die nötige Beachtung der jeweiligen Prinzessin oder des Prinzen, dann verfällt ein Widder-Venus-Hund in tiefen Liebeskummer. Da er nicht wählerisch ist und sich immer wieder schnell verliebt, wird er sich ständig im Rausch der Ge-

fühle befinden. An Spielgefährten ist er nur mäßig interessiert, Hauptsache, er kommt schnell zum Zuge. Selbst ein Rehpinscher wird seine Leidenschaft für eine Doggendame nicht als unmöglich empfinden. Nichts wird er unversucht lassen, um die wohlriechende Dame zu besteigen.
Ein Weibchen mit der gleichen Konstellation bietet sich dem Nächstbesten imposant und potent wirkenden Rüden fast schon ungeniert an.

Beinahe möchte man zu einer Kastration raten, um Hund und Mensch ein ruhigeres Leben zu ermöglichen. Dann wird das verliebte Gejaule bei einem Rüden bald verstummen und Sie haben bei einem Weibchen garantiert keinen Überraschungswurf ungewollter Hundebabys daheim rumwuseln.

Die Venus im Zeichen Stier

Mit der Venus im Stier haben Sie einen äußerst bodenständigen, liebevollen und verschmusten Hund an Ihrer Seite. In seinem Blick liegt so viel Liebe und Zärtlichkeit, dass man einfach nur dahin schmelzen könnte. Sicherheit und absolutes Vertrauen sind für ihn lebensnotwendig. Sanft wird er sich anschmiegen und gereizt auf Störenfriede reagieren, denn er teilt mehr als ungern Ihre Aufmerksamkeit. Er ist sehr besitzergreifend. Wundern Sie sich nicht, wenn er zu knurren beginnt, nur weil ein anderer Hund es wagt, in Ihre Nähe zu kommen. Wenn Sie diesen dann auch noch streicheln oder gar füttern, dann mutiert er zu einem Werwolf!

Er braucht eine gewisse Zeit, um sich Fremden anzunähern. Kommt der Besuch allerdings öfter vorbei, krault ihm die Ohren und hat eventuell auch noch kulinarische Köstlichkeiten für ihn in der Tasche, dann wird die geschlossene Freundschaft Jahre überdauern und er wird ihn in sein großes Hundeherz mit einschließen. Wer sich ihm allzu stürmisch annähert und keine Bestechung bietet, hat dagegen richtig schlechte Karten.

Fressen ist nach Schmusen seine größte Leidenschaft. Passen Sie gut auf, dass Ihnen Ihr Schleckermäulchen nicht zu viele Leckerlis mit seinem treuen Hundeblick abluchst. Sonst dürfen Sie eines schönen Tages mit ihm ein Spezialtraining absolvieren, das auch Ihnen Schweißperlen auf die Stirn treiben wird, wenn Sie nicht wollen, dass Ihnen bald eine unschöne, herzkranke Sofarolle hinterherhechelt.

Nur zögerlich wird Ihr Hund mit sexuellen Anwandlungen auf sich aufmerksam machen, da er in seiner Entwicklung nicht der Schnellste ist. Doch zartes Umwerben durch einen vierbeinigen Liebestollen lassen diese Fellschnauze dahinschmelzen. Nur wenn er verliebt ist, wird er großzügig sein Leckerli mit diesem teilen. Was aufdringliche Verehrer/-innen betrifft, wird Ihr Stier-Venus-Geborener zurückhaltend reagieren und sich sehr gut zu verteidigen wissen. Er steht nicht auf Abenteuer, deswegen wird er auch selten total entrückt aus Ihrem Sichtfeld spurten – außer es ist Läufigkeit im Spiel. Ihm sind die Zärtlichkeiten von Ihnen sowieso wichtiger als alles andere. Denn sicher ist sicher!

Die Venus im Zeichen Zwilling

Ein Hund mit der Venus im Zwilling lässt ihn leicht zugänglich und schmeichlerisch-liebevoll wirken. Allerdings ist er nicht wirklich auf Ihre Zuneigung angewiesen und seine Liebesbekundungen sind eher unverbindlicher Natur. Es wird sicherlich auch kein Drama geben, wenn Sie ihn bei einem spielerprobten Hundesitter parken. Wenn Sie ihn wieder abholen, wird er Ihnen schwanzwedelnd entgegenhecheln, ohne beleidigt zu sein.

Er bleibt gefühlsmäßig lieber an der Oberfläche, statt in die Tiefe zu gehen. Hauptsache es wird nie langweilig – denn er will eigentlich nur spielen! Seine sehr narzisstische Ader verlangt durchaus danach, geliebt zu werden, was nicht voraussetzt, dass er jemandem sein Hundeherz schenkt.

Wenn der Zwilling-Hund mal den Bogen mit Unfug überspannt haben sollte, dann brauch er viel Einfühlungsvermögen und Verständnis. So flatterhaft er sein mag, sein Hundeherz ist sehr, sehr sensibel – auch, wenn er es mit seiner nonchalanten Art gut zu überspielen weiß.

Falls Sie auf Partnersuche sind, dann haben Sie den perfekten Kuppler an der Leine. Allerdings wird er Ihnen bei der Auswahl eines passenden Partners keine große Hilfe sein, denn er ist mit seiner Sympathieverteilung nicht besonders wählerisch und bei ihm herrscht Quantität über Qualität. Er findet den Kellner oder die Kellnerin aus dem Café von nebenan genauso toll wie den wohlhabenden Fabrikbesitzer oder dessen

Schwester, wenn sie nur mit Hunden seiner Klasse umzugehen wissen.

Auch innige Freundschaften mit Gleichgesinnten sind ihm nicht besonders wichtig und er wird sich schnell dem nächst bietenden Spielkameraden zuwenden, ohne sich auch nur ein einziges Mal umzudrehen. Seine Zwilling-Venus macht ihn zu einem Hansdampf in allen Gassen!

Die Zuneigung, die Ihnen Ihr geliebter Vierbeiner entgegenbringt, wird eher freundschaftlicher als hingebungsvoller Natur sein. Doch wegen seiner zauberhaften, aufgeschlossenen Art kann man ihm seine Unverbindlichkeit alles andere als übel nehmen. Er ist wie ein Schmetterling auf vier Pfoten, der von Blume zu Blume hoppelt.

Die Venus im Zeichen Krebs

Wenn Ihr geliebter Vierbeiner seine Venus im Krebs hat, dann ist er absolut hingebungsvoll und nur auf Sie fixiert. Er ist nahezu der perfekte Familienhund, pflegeleicht und kinderlieb, vorausgesetzt, er hat keine schlechten Erfahrungen gemacht. Am liebsten wird er sich bei Ihren Kindern tummeln, wenn Sie welche haben. Es bedeutet für ihn Stress, wenn einer des »Familienrudels« nicht in Reichweite ist. Am liebsten hätte er die ganze Familie immer auf einen Blick vereint in trauter Runde um sich.

Selten wird er sich in den Vordergrund drängen, von einer inneren Angst wird er getrieben, so lieb zu sein, dass er ja nicht Ihre Zuneigung durch flegelhaftes Verhalten schmälern könnte. Bei dieser Krebs-Venus-Konstellation kommt es auch häufig vor, dass er seine Streicheleinheiten nur sehr zurückhaltend einfordert.

Um sich wohlzufühlen, braucht er eine gewisse Nestwärme und viel Körperkontakt. Er ist einer der größten Schmusehunde auf diesem Planeten und kann sich Ihnen voll und ganz hingeben, sodass kein Hundekuchen mehr dazwischenpasst.
In weichen und kuscheligen Kissen dahindösen, sich von Ihnen noch den Bauch kraulen lassen, bedeutet für ihn den Himmel auf Erden. Dann ist seine Welt perfekt. Seinerseits vermittelt auch er ein Gefühl von Geborgenheit. Seine Krebs-Venus strebt die absolute Verschmelzung an – er liebt Sie aus vollem Herzen.

Was das Futter betrifft, ist er ein wählerischer Zeitgenosse. Wäre er ein Mensch, würde er mit Sicherheit selbst den Kochlöffel schwingen! Seine krebsbetonte Seele macht ihn mitfühlend und verletzlich. Wenn er sich ungerecht behandelt fühlt, werden ein paar Leckerlis nicht weiterhelfen, um sein Herz zurückzuerobern. Beleidigt und schmollend wird er in sein Körbchen abdackeln und Sie keines Blickes würdigen. Dann kann es Stunden dauern, bis er wieder angeschwänzelt kommt und Ihre Nähe sucht.

Rüden mit einer Krebs-Venus sind überaus anhänglich und Hündinnen bringen alle Eigenschaften einer guten Hundemutter mit.

Die Venus im Zeichen Löwe

Mit der Venus im Löwen verfügt Ihr geliebter Vierbeiner über einen unwiderstehlichen Charme, mit dem er Sie ganz und gar um die Pfote wickelt. Lob und Bewunderung sind für ihn äußerst wichtig. Er besitzt ein königliches Herz, dass er stolz und selbstbewusst nicht jedem schenkt – und Ihnen als Besitzer auch nur großzügig leiht. Seine Durchlaucht möchte gern hofiert und umschmeichelt werden. Dann ist er der liebste Vierbeiner der Welt und wird nichts unversucht lassen, auch Sie glücklich zu machen.

Er liebt Geschenke! Huldvoll nimmt er diese entgegen. Kleine Geschenke erhalten die Freundschaft, ein neues, schickes Halsband dagegen lässt sein Hundeherz besonders hoch schlagen. Vergessen Sie nie, ihm jeden Tag aufs Neue zu sagen, wie sehr Sie ihn lieben, dass er der Liebste und Schönste auf der ganzen Welt ist. Mag sein, dass andere Hunde mit treuem Blick um Zuneigung betteln, er ist da aus einem anderen Holz geschnitzt. Denn er hat das Gefühl, dass Sie sich glücklich schätzen können, ihn gerade streichen zu dürfen, denn er könnte ja stattdessen auch genüsslich an einem Rinderziemer nagen.

Wenn er als Welpe nicht genug Zuwendung bekommen hat, kann es manchmal anstrengend werden, seinen Bedarf an Liebesbezeugungen ausreichend zu decken. Teilen wird er Ihre Zuneigung nur äußerst ungern, Eifersüchteleien stehen immer wieder auf der Tagesordnung. Man kann ihm eine gewisse dominante, kontrollierende Ader nicht absprechen. Zurückzustecken oder gar auf etwas zu verzichten, ist für ihn undenkbar. Oft wird er versuchen, die Aufmerksamkeit auf sich zu lenken, da ist ihm jedes Mittel recht.

Seine Bedürfnisse stehen für ihn absolut an erster Stelle, und werden diese nicht sogleich befriedigt, erleben Sie eine theatralische Kostprobe des sterbenden Schwans in einer Neuinszenierung.

Mit einer Löwe-Venus wird ein Rüde als Womanizer die Hundewiese völlig in Schach halten. Eine Hündin mit dieser Venuskonstellation wird ganz souverän mit majestätischer Würde ohne Probleme gleich mehrere Interessenten um sich schwänzelnd versammelt haben.

Die Venus im Zeichen Jungfrau

Ein Hund mit der Venus in der Jungfrau wirkt auf den ersten Blick distanziert und meist etwas spröde. Er ist sehr kritisch bei der Wahl, wem er sein Hundeherz schenkt. Dabei trägt er so viel Liebe in sich und möchte dem, den er liebt, alles geben. Seine Zuneigung zeigt er meist durch praktische Hilfe und bringt Ihnen auf Wunsch die Zeitung oder Hausschuhe. Stürmische Liebesbekundungen sind nicht so sein Fall. Zärtlichkeiten werden von ihm recht schüchtern entgegengenommen, sind aber sehr wichtig für ihn.

Er wird sich ohne Probleme in die Familie einfügen und versuchen, niemals allzu unangenehm aufzufallen. Sie sollten keinesfalls vergessen, ihm das obligatorische Leckerli zu geben, sonst verfolgt er Sie den ganzen Tag mit einem einen vorwurfsvollen Blick und bietet abends ein Bild des Jammers schlechthin. Ein geregelter Tagesablauf ist sehr wichtig für ihn und vermittelt ihm Sicherheit. Fremden gegenüber zeigt er sich meist zurückhaltend und benötigt eine gewisse Zeit, um sich vertraut zu machen. Reges Treiben wird aus sicherem Abstand beäugt und dann könnte Hund sich ja mal heimlich daruntermischen. Mit einem netten Hundesitter kann er sich ganz gut arrangieren, da er gefühlsmäßig nicht unbedingt nur auf Sie fixiert ist.

Wenn es mal nicht so läuft, wie es sich ihr Venus-Jungfrau-Geborener vorstellt, kann er durchaus zur »Prinzessin auf der Erbse« mutieren. Im schlimmsten Fall, wenn er für seinen Geschmack auf Dauer zu wenig Aufmerksamkeit bekommt, reagiert er mit kleinen Unpässlichkeiten. Man könnte ihn dann schon fast als Hypochonder deklarieren. Dann spuckt er Ihnen den Inhalt des Fressnapfes in die Diele oder zieht eine Pfote hinterher, nur damit er wieder volle Aufmerksamkeit bekommt. Natürlich ist das in keinster Weise böswillig! Es geht ihm dann wirklich schlecht oder die Pfote schmerzt. Er hat etwas mimosenhaftes, doch trotz des Theaters sollten Sie viel Liebe und Verständnis für ihn haben.

Dem Liebeswerben einer Fellnase mit »Stil und Klasse« wird er durchaus einen weiteren Blick schenken – für spontane, heißblütige Abenteuer ist Ihr Hund, ob Männlein oder Weiblein, aber nicht zu haben.

Die Venus im Zeichen Waage

Mit der Venus im Tierkreiszeichen Waage wirkt Ihr geliebter Vierbeiner sehr offenherzig und sanft. Manieren müssen Sie ihm keine beibringen, da ihm rüpelhaftes Verhalten generell fremd ist und er sich gerne anpasst.

Kokett und um seine Liebenswürdigkeit wissend wird er beim Gassigehen grazil neben Ihnen herschweben. Mit seinem charmanten Wesen wird er sicherlich nicht nur Sie verzaubern. Da wird der Briefträger oder ein Fremder auf der Straße auch gern mal mit einem freundlichen Schwanzwedeln begrüßt, selbst wenn er kein Leckerli in der Tasche hat.

Ihre Fellnase weiß haargenau, wie Liebreiz und Charme einzusetzen sind. Er kann aber auch kühl und distanziert wirken, ohne dass sich ein wirklicher Grund erkennen lässt; in seinen Gefühlsregungen ist und bleibt er gelegentlich unberechenbar. Heute liebt er Sie, morgen fällt sein goldenes Hundeherz vielleicht seinem neuen Plüschtier zu. Von Ihnen aber fordert er immer volles Programm! Es ist ihm zwar unmöglich, Ihnen die absolute Liebe entgegenbringen, aber wegen seines überdimensionalen Bedürfnisses, geliebt zu werden, wird er Ihnen fast hörig ergeben sein.

Was Spielsachen und Fressen betrifft, ist er alles andere als zickig. Neid ist ihm fremd. Es trifft ihn umso härter, wenn er erleben muss, dass es Vierbeiner gibt, denen man besser nicht den Ball abluchst. Seine Waage-Venus macht ihn nachgiebig und konfliktscheu, lieber gibt er klein bei als um etwas zu kämpfen, nur damit Frieden herrscht.

Gern wird er ein glitzerndes Halsband stolz zur Schau tragen und ramponiertes Spielzeug keines Blickes mehr würdigen. Er hat Geschmack – sofern man das einem Vierbeiner zusprechen kann. Selbst dreckverschmiert und nach Gülle stinkend schafft er es immer noch, einen guten Eindruck zu machen.

Ist Ihr Waage-Venus-Hund einmal verliebt, wird er meist nur das Gefühl genießen, statt einer flüchtigen Liebe winselnd hinterherzujagen. Er braucht einen dominanten Liebespartner, den er anschmachten kann und der ihm vor allem zeigt, wo es lang geht.

Die Venus im Zeichen Skorpion

Wenn Ihr Hund die Venus im Skorpion hat, ist er sehr leidenschaftlich und impulsiv. In seiner fast diabolischen Seele brennt ein Feuer der Sehnsucht, das im Außen gestillt werden muss. Seine Streicheleinheiten wird er hartnäckig einfordern, Ihnen unverblümt seine Bedürfnisse mitteilen und von Ihnen erwarten, dass Sie diese umgehend erfüllen. Er braucht viel Liebe und Zuneigung, ohne diese essenziellen Zuwendungen wird er zum mordenden Kampfterrier. Ja, wenn er sich ungeliebt fühlt, kann er richtig unangenehm werden.

Er wird versuchen, Sie komplett in Anspruch zu nehmen. Ein Partner an Ihrer Seite hat es schwer, an ihm vorbeizukommen. Eifersüchtig wird er über Sie wachen und Sie nicht teilen wollen. Oder Sie stehen im Abseits, da er Ihrem Partner voll und ganz zugetan ist. Wenn Sie seiner Aufforderung, sich mit ihm zu beschäftigen, nicht prompt nachkommen, wird er beleidigt wie ein geprügelter Hund davontrotten.

Er ist nicht nur sehr anhänglich, sondern auch extrem abhängig von Ihnen. Seine größte Angst ist es, Sie zu verlieren. Wie ein Schatten wird Ihnen überall hin folgen. Lassen Sie sich nicht zu sehr von seiner besitzergreifenden Art einschränken. Von Klein auf muss er lernen, dass Sie auch mal ein paar Stunden ohne ihn verbringen wollen oder müssen, ohne dass er gleich aus Frust alle umherstehenden Schuhe zerbeißt. Mit Einfühlungsvermögen und Standhaftigkeit kann man ihm aber durchaus beibringen, wie er seine Verlustangst überwindet und nicht zu viel Kontrolle ausübt. Aber eines ist sicher: Er würde alles, restlos alles auf sich nehmen, nur um Sie zu schützen, und das bis zum Ende seines hoffentlich sehr langen Hundelebens!

Er verliert sich nicht in Mittelmäßigkeit, für ihn gibt es nur Entweder – Oder, er liebt oder er hasst. Es wird keinen Sinn machen, ihn mit jemandem zusammenzubringen, den er nicht riechen kann. Da wird er keine Nasenlänge nachgeben. Kündigen Sie diesem Menschen am besten gleich die Freundschaft oder treffen Sie sich nur ohne Hund mit ihm. Wechseln Sie auch sicherheitshalber die Kleidung, bevor Sie nach Hause kommen, nicht dass er zynischerweise eine Marke setzt, um seinem Unmut gebührend Ausdruck zu verleihen.

Sexualität hat in seinem Leben einen sehr hohen Stellenwert. Ohne mit der Wimper zu zucken wird er mit dem Objekt seiner Begierde außer Sichtweite verschwinden und nicht wirklich zurückzupfeifen sein. Männchen und Weibchen sind hier gleichermaßen mehr als triebhaft veranlagt.

Die Venus im Zeichen Schütze

Ein Hund, der seine Venus im Schützen hat, ist in Gefühlsdingen aufgeschlossen und zielstrebig. Geradewegs wird er seine Streicheleinheiten bei Ihnen einfordern und Sie mit Hundeküsschen überhäufen, egal ob Sie wollen oder nicht. Er ist überaus herzlich und aufrichtig in der Verteilung seiner Zuneigung. Allerdings ist er in der Öffentlichkeit bei weitem nicht so stürmisch mit seinen überschwänglichen Anwandlungen und verhält sich dort eher wie ein verschämter, heimlicher Geliebter.

Wenn er das Gefühl hat, von Ihnen voll und ganz geliebt zu werden und Sie nur ihm zugetan sind, ist er der folgsamste und liebste Vierbeiner, den man sich wünschen kann. Was aber nicht sagt, dass er nicht von seinem Recht gebraucht macht »fremdzugehen«, denn das ist ja etwas ganz anderes.
Er ist leicht für etwas zu beigeistern, aber auch sehr ungeduldig. Wenn er zu lange auf sein obligatorisches Leckerli warten muss, wird er Ihnen zwischen den Beinen herumwuseln, bis Sie endlich das Gewünschte herausrücken. Es gibt nichts Schlimmeres für ihn, als auf etwas zu warten. Ungeduld ist sein zweiter Vorname!

Freundlich schwänzelnd werden Briefträger & Co. von ihm begrüßt. Hauptsache es wird ein freundliches Auftreten an den Tag gelegt. Wenn nicht, dann fletscht er angsteinflößend die Zähne, denn so geht's ja nicht!
Sein Mut und seine ausgesprochene Freundlichkeit lassen ihn die Welt in einem optimistisch aufreizenden Licht erscheinen. Wenn sich allerdings jemand pöbelhaft verhält, gibt es eine gepfefferte Ansage!

Er liebt die Freuden des Lebens und kann einem Strandspaziergang oder einer Überlandfahrt im Cabriolet mit flatternden Ohren im Wind genauso viel Genüssliches abgewinnen wie dem Abnagen eines schmackhaften Kalbsknochens, den Sie ihm extra vom Metzger mitgebracht haben. Seine Venus im Schützen lässt ihn aber auch sehr wechselhaft sein und wird durch seinen Übermut noch unterstrichen. Es kann gut passieren, dass er beim Spielen zu übermütig wird und Sie in die Finger zwickt, anstatt das Spielzeug zu greifen. In diesem Fall wird es ihm fast das Hundeherz brechen, wenn er Sie grob fahrlässig verletzt haben sollte.

Eine liebestolle Fellnase, die sich ihm mit gebührendem Anstand und nicht zu aufdringlich nähert, hat bei einem Hund mit der Venus im Schützen schon halb gewonnen. Er hofiert das Objekt seiner Begierde und hebt dieses in den Himmel, aber wendet sich auch schnell einem anderen zu, wenn er sein Ziel erreicht hat.

Die Venus im Zeichen Steinbock

Mit einer Steinbock-Venus ist Ihr Hund eher introvertiert und ziemlich zurückhaltend in seinen Liebesbekundungen. Wenn er Sie allerdings einmal in sein großes Hundeherz geschlossen hat, dann auf immer und Ewig! Streicheleinheiten scheint er fast ohne eine Miene zu verziehen über sich »ergehen« zu lassen, doch braucht er ihre Liebe wie den täglichen Hundekuchen.

Treu ergeben wird er zu Ihnen aufblicken und Sie auf Schritt und Tritt begleiten wollen. Er fühlt sich sehr zu älteren Menschen

hingezogen und kann mit krakeelenden Kindern nur wenig anfangen. Seine Steinbock-Venus lässt ihn eifersüchtig über seine Lieben wachen. Er teilt mehr als ungern Ihre Nähe und wird mit einem leisen, aber bestimmten Knurren einen »Nebenbuhler« des Platzes verweisen.
Fast möchte man ihm einen etwas melancholischen Charakter zuordnen. Wenn Sie nach Hause kommen, wird er nicht unbedingt in ungestümen Freudentaumel ausbrechen. Doch er würde bis zum jüngsten Tag eisern auf Ihre Rückkehr warten und sich nicht vom Fleck rühren. Alles, was Ihr Steinbock-Venus-Geborener macht, ist verbindlich, deswegen legt er auch so ein besonnenes Verhalten an den Tag.

Fremden tritt er selbstbewusst, aber misstrauisch und reserviert gegenüber. Das gilt bei einem unbekannten Hund ebenso wie bei einem Zweibeiner. Vorsichtig wird der Neuling von ihm beäugt, wie sich dieser verhält, dann erst wird er sich bedächtig nähern und diesen ausgiebig beschnüffeln. Ganz im Gegensatz zu einem kontaktfreudigen Zwilling-Venus-Hund, der arglos und ungestüm auf einen zuprescht. Ausgiebiger Kontakt zu Gleichgesinnten ist sehr wichtig für Ihn, sonst entwickelt er sich zum brummigen »Eigenbrötler«, wenn er ausschließlich nur an Ihrer Seite durchs Leben dackelt.
Er ist eine sehr treue Hundeseele und ein Hundesitter wird erst richtig eingeführt werden müssen, bis er diesen am anderen Ende der Leine akzeptiert. Jemanden, den er nicht riechen kann, wird er einfach ignorieren statt ihm ans Bein zu pinkeln. Ein Rüde wird sich keinen großen Namen als Loverboy machen können, dazu ist er viel zu sehr Gentleman, der nicht gleich ungeniert versucht, jede Hundedame zu besteigen. Eine Hündin mit der Venus im Steinbock dagegen wird dem Werben eines begierigen Anwärters nicht wirklich erliegen.

Die Venus im Zeichen Wassermann

Bei einer Wassermann-Venus ist Ihr vierbeiniger Liebling sehr gesellig und aufgeschlossen. Er verkörpert den ultimativen Kumpeltyp, der das Herz eines Freigeistes hat und alles andere als eifersüchtig ist. Eine extrem lange Leine ist sehr wichtig für ihn, oder Sie bringen ihm gleich bei, ohne Leine Gassi zu gehen, das macht ihn glücklich, denn seinen Freiheitsdrang ist immens!

Durch sein liberales und freundschaftliches Wesen ist er auf der Hundewiese ein gern gesehener Spielkamerad, der keinerlei Probleme mit anderen Hunden macht. Offenheit und Experimentierfreude stehen ganz oben auf seiner Liste. Allerdings ist er auch etwas exzentrisch und mehr als unzuverlässig. So ganz nach dem Motto: Komm' ich heut' nicht, komm' ich morgen! Seiner Meinung nach nimmt er Ratschläge an und nicht Befehle entgegen. Deswegen macht er oft keine Anstalten, Ihnen aufs Wort zu gehorchen. Mit einem amüsanten Hundesitter wird er gewiss gut auskommen und Ihnen keine Szene machen, wenn Sie ihn dort für einige Zeit parken.

Eine Hündin mit einer Wassermann-Venus macht alle Rüden auf der Hundewiese verrückt, auch wenn Sie nicht läufig sein sollte. Ein Rüde dagegen ist offen für jede Hundedame und dabei alles andere als wählerisch – der geborene Casanova eben!

Die Venus im Zeichen Fisch

Eine Fische-Venus macht Ihren geliebten Vierbeiner sehr einfühlsam und verleiht ihm eine weiche, fast sinnliche Note. Egal ob er die Statur eines Mastiffs oder eines Windspiels hat, wie eine Elfe wird er beim Gassigehen entrückt neben Ihnen herschweben. Beinahe wortlos wird er Ihnen gehorchen und nur auf einen Wink von Ihnen warten. Sein inniger Hundeblick würde sogar einen Henker zum Berufswechsel zwingen.

Er ist ausgesprochen sensibel und schon ein barsch angeschlagener Ton von Ihnen wirft ihn vollkommen aus der Bahn. Wie ein geprügelter Hund wird er in sein Körbchen desertieren und schrecklich leiden. Den herzzerreißenden Anblick, den er dabei bietet, wird ein oscarprämiertes Melodram definitiv in den Schatten stellen. Länger von Ihnen getrennt zu sein bereitet ihm Höllenqualen! Schon eine kurze Abwesenheit wird ihm sehr zuschaffen machen und ihn dazu bringen, den Nachbarn eine Trauerarie in ungeahnter Lautstärke zum Besten zu geben.

Zum einen ist er einfach grundsätzlich ungern allein, zum anderen fühlt er sich ohne Sie irgendwie unvollständig. Bis zum jüngsten Tag würde er vor dem Supermarkt auf Sie warten, ohne sich auch nur einen Millimeter vom Platz zu rühren. Falls Sie eines fernen Tages vor ihm ableben sollten, würde er mit Sicherheit schwermütig werden oder aus Liebeskummer auch gleich das Zeitliche segnen. Selbstlos wird er sich Ihnen unterordnen und sich anpassen, anstatt Forderungen zu stellen. Bereitwillig wird er sich von Ihren Kindern Schleifen um

die Ohren binden oder Socken anziehen lassen, ohne Protest einzulegen.
Wenn ein Fische-Venus-Rüde sein Hundeherz verschenkt haben sollte, gibt er sich schwer verliebt seinen Tagträumen hin und erleidet Höllenqualen, wenn seine Angebetete nicht in Reichweite erscheint. Eine Hündin mit dieser Venuskonstellation wird die Männchen gänzlich verzaubern und ihnen Reihenweise die Köpfe verdrehen.

5 Leistungsfähigkeit und Konfliktverhalten – Die Bedeutung des Mars im Horoskop

Der Mars – benannt nach dem römischen Kriegsgott – beschreibt die Durchsetzungskraft, die Leistungsfähigkeit und den Sexualtrieb Ihres Hundes.

Wie verhält sich Ihr Hund bei Auseinandersetzungen? Ist er der sprichwörtliche Kampfterrier, der die Konfrontation sucht, der gern einen »auf dicke Hose macht«? Und der selbst als Rauhaardackel nicht einmal vor einem Schäferhund mit Kettenhalsband zurückschreckt? Oder ist er eher der konfliktscheue Dobermann, der bei einer entnervenden Begegnung mit einem keifenden Rehpinscher schnell hinter Ihnen Deckung sucht?

Könnte man ihn als »Marathon-Stöckchenholer« betiteln und bekommen Sie Ihn selbst nach einer Tagesradeltour nicht richtig müde? Oder ist er eher heilfroh, wenn Sie generell von einem olympischen Ausdauertraining absehen?

Daneben beschreibt der Mars auch, wie es um den Sexualtrieb Ihres Hund steht. Heult er wochenlang, wenn im Frühling in der Nachbarschaft diverse Hündinnen läufig sind oder muss ihm schon direkt eine vor die Nase laufen, damit er überhaupt eine Reaktion zeigt? Haben Sie eine ganz Brave oder eine Streunerin an der Leine? Das alles hängt vom Mars in den einzelnen Tierkreiszeichen ab.

Der Mars im Zeichen Widder

Mit einem Widder-Mars-Hund haben Sie einen ausgesprochen impulsiven Hund an Ihrer Seite, der nicht lange fackelt und ungeachtet alles über den Haufen rennt, damit er nur schnellstens an sein Ziel gelangt. Er registriert auch nicht wirklich, wenn Sie bremsend am anderen Ende der Leine hängen – selbst ein Kettenhalsband würde ihn nicht wirklich vom Ziehen abhalten.

Gern können Sie ihn im Zirkus auftreten lassen, denn er würde unerschrocken sogar durch einen brennenden Feuerreifen springen, wenn das Leckerli nur groß genug ist.
Er ist ein Heißsporn, der beim Spielen immer versuchen wird, die Oberhand zu gewinnen, kampflos wird er niemandem sein Spielzeug oder gar die Führung überlassen. Raufereien und Rivalitätskämpfe scheinen sein liebstes Hobby zu sein. Machen Sie sich nicht allzu viel Hoffnung beim Besuch einer Hundeschule, sein Sie lieber froh, wenn Sie nicht gleich beim ersten Mal mit ihm des Platzes verwiesen werden.

Jagdtrieb und Revierverteidigung gehören auch ganz oben auf seine Liste der gern getätigten Freizeitbeschäftigungen. Ein flatternder Piepmatz ist genau so interessant wie eine frische Hasenfährte – und falls Sie nicht rechtzeitig eingreifen, werden beide bis zum Letzten verfolgt. Aber auch ungebetene Gäste sollten sich bei Ihnen zu Hause in Acht nehmen, denn ihr geliebter Vierbeiner wird seinen Auftrag als Wachhund bravourös umsetzen und jedem lauthals klarmachen, dass er hier der Chef ist. Ihr Widder-Mars-Hund ist allzeit bereit, und wenn er nur jeden Morgen auf der Lauer liegt und den Briefträger auf Trab hält. Er muss immer beschäftigt werden, sonst ist er die Unruhe in Person – er ist halt ein Hochleistungssportler par excellence.

Seine Natur ist es, mit großer Vitalität und Ungeduld mit der Türe ins Haus zu fallen. Zurückhaltung ist definitiv der falsche Begriff für sein Verhalten, auch Taktgefühl ist nicht ganz seine Sache. Durch seine Triebhaftigkeit und den Willen, alle zu dominieren, wird er einem schon als Welpe ständig am Hosenbein hängen und nur schwer abzuschütteln sein.

Später ist es dann bei einem Rüden oft der Fall, dass er im Eifer des Gefechts andere Hunde besteigt, egal ob kastriertes Männchen oder Weibchen, Hauptsache der andere Hund riecht »gut«. Auch wird er zum Herumtollen mit einer Hündin gern aus Ihrem Sichtfeld verschwinden und nur widerwillig auf Ihren Pfiff zurückkommen. Mars-Widder-Hündinnen dagegen können einem weniger imposant wirkenden Rüden mit einem Angst einflößenden Zähnefletschen sofort jegliches Interesse vergellen, wenn sie ihm nicht gleich gar noch ein Büschel Fell ausreißt, damit er sie ja nicht weiter nervt.

Der Mars im Zeichen Stier

Wenn Ihr Hund den Mars im Stier hat, gibt es nur wenig, was sein sonniges und genussorientiertes Gemüt aus der Fassung bringen kann. Bis er zu einer Furie wird, bedarf es schon einiger Ärgernisse – aber dann sieht er, wie der sprichwörtliche Stier, buchstäblich nur noch Rot!

Besonnen, gemächlich und alles andere als spontan könnte man sein Verhalten bezeichnen. Er liebt es, sich mit vielen Gleichgesinnten auf der Wiese zu tummeln, allerdings ist er nicht so verspielt, er »arbeitet« lieber. Dann wird er Ihnen das zum hundertsten Mal geworfene Stöckchen schwanzwedelnd zurückbringen, keinerlei Schwäche zeigen und beharrlich darauf bestehen, dass Sie nicht »abschwächeln«. Seine ausgesprochene Langsamkeit hat durchaus auch eine positive Komponente: Er ist überaus geduldig – auch mit Ihnen! Also kein Problem, wenn Herrchen oder Frauchen mal nicht gleich zur gewohnten Uhrzeit mit der Hundeleine an der Haustür parat stehen, vorausgesetzt das kleine oder große Bedürfnis ist noch nicht allzu dringend. Grundsätzlich ist er also überaus tolerant veranlagt, aber wehe, Sie geben einem anderen Hund auch einen Leckerbissen ab, dann Gnade Ihnen der Hundehimmel!

Er besitzt viel Kraft, ist sehr ausdauernd und zäh wie ein Schlittenhund, egal ob er ein eher kleineres Modell ist oder die Größe eines Bernhardiners hat. Was er sich auch vornimmt, er bringt es zu Ende, und wenn er Ihnen den ganzen Vorgarten abholzt, um an seinen vor Wochen verbuddelten, stinkenden Knochen zu kommen. Zur Aktivität lässt er sich durchaus verleiten, auch wenn er am liebsten den ganzen Tag verschlafen würde. Aber wenn er mal so richtig in Fahrt kommt, ist er definitiv nicht mehr zu bremsen. Jagdinstinkt und Revierverhalten sind bei ihm mehr als nur ein bisschen ausgeprägt und er wird sich nur schwerlich davon abhalten lassen, diesen heiß begehrten Leidenschaften nachzugeben.

Er nimmt seine Aufgabe als Wachhund mehr als ernst und wird Ihnen zum Dank für jeden erhaltenen Happen bis zum jüngsten Tag Haus und Hof bis zum letzten Blutstropfen bewachen. Er ist ein Spätentwickler, der etwas länger braucht, um zu bemerken, dass es nicht nur Spielkameraden, sondern auch Männlein und Weiblein gibt. Das hat bei dieser Marsstellung den Vorteil, dass eine Hündin in der Regel später läufig wird, ein junger Rüde dagegen sich nicht unverzüglich für »heiße« Hundedamen interessiert und Sie folglich nicht gleich einen verliebten Rabauken ertragen müssen.

Der Mars im Zeichen Zwilling

Wenn Ihr Hund den Mars im Zwilling hat, werden Sie sich oft die Frage stellen, ob Sie nicht mehr als einen Hund zu Hause haben. Jagte er nicht gerade noch im Garten einer Krähe hinterher? Oder haben Sie ihn nicht doch fast im gleichen Augenblick mit seinem Quietschegummi-Knochen im Wohnzimmer spielen sehen? Wundern Sie sich nicht, denn sein sanguines Temperament lässt ihn ständig in Bewegung sein. Häufig wird er versuchen, nach seiner Rute zu schnappen, und sich dann wie ein Kreisel um die eigene Achse drehen. Sein Zwilling-Mars lässt ihn einfach immer von einer Pfote auf die andere tänzeln, statt es ihm zu vergönnen, es sich den ganzen Tag in seinem Körbchen gemütlich zu machen. Für Außenstehende wirkt er daher meist etwas nervös; ruhig und entspannt geht definitiv anders!
Es scheint, als wären seine Vorfahren schon als Zirkushunde aufgetreten, denn Sie können ihm sicherlich mit Leichtigkeit

das Gehen auf zwei Pfoten beibringen. Was seine Kondition betrifft, ist er eher schnell als ausdauernd. Flink wie ein Windspiel flitzt er über die Wiese, um sich schon bald nach hitzigem Spiel eine kleine Hechelpause zu gönnen, bevor es im gleichen hohen Tempo wieder weitergeht.

Eigenschaften wie Geduld und Verständnis fehlen ihm gänzlich. Zur Begrüßung rennt er ganz gern mal stürmisch alle über den Haufen, und ein nasses Hundebussi gibt es auch gleich noch dazu, falls er einem nicht gleich noch vor Freude das Ohr anschlabbert.

Er braucht eine Riesenauswahl an Spielzeug, denn sein Interesse an jedem einzelnen ist mehr als kurzlebig. Ein paar Augenblicke hat er Spaß daran, dann verbuddelt er es, um es ein halbes Jahr später kurzzeitig wieder ganz toll zu finden. Ebenso geht es ihm beim Jagen nicht darum, dem verfolgten Tier nach Leib und Leben zu trachten, sondern ausschließlich darum, seinen Spieltrieb auszuleben. Hauptsache, es bewegt sich etwas und er kann hinterherhechten. Als Wachhund wird er nicht unbedingt mit besonders herausragenden Leistungen glänzen. Es kann eher durchaus sein, dass er einen Einbrecher mit einem neuen Spielkameraden verwechselt und diesen mit einem Spielzeug im Maul schwänzelnd begrüßt.

Ein Rüde mit dieser Marsstellung ist für Weibchen zwar leicht zu begeistern, dann aber nur oberflächlich an ihnen interessiert. Seine Werbungsversuche sind auch alles andere als aufdringlich genug, um damit bei einer Hundedame landen zu können. Erscheint ein weiterer Interessent, wird er lieber nobel das Feld räumen, anstatt um die Hündin zu kämpfen.

Denn eigentlich will er doch nur spielen! Eine Hündin dagegen wird sich mit einem galanten Verehrer stundenlang auf der Wiese balgen. Nur vor aufdringlichen Rüpeln nimmt sie vorsichtshalber Reißaus!

Der Mars im Zeichen Krebs

Wenn Ihr Hund den Mars im Krebs hat, dann ist er eher häuslich eingestellt und wird nicht gleich bei einem kleinen Loch im Zaun das Weite suchen. Er ist eher zurückhaltend und manchmal fast schon ängstlich, aber auch überaus einfühlsam, sensibel und feinfühlig.

Gern wird er sich den besten Platz auf dem Sofa reservieren, um auch ja nichts zu verpassen und so nah wie möglich mitten drin statt nur dabei zu sein. Zärtlichkeiten und Fürsorge spielen bei ihm eine übergeordnete Rolle. Er ist Ihnen nicht nur treu ergeben, sondern liebt Sie abgöttisch. Heldentaten sind nicht seine Sache, oft möchte sich einem der Gedanke aufdrängen, ihn plagen Selbstzweifel und er traut sich nicht so recht. Da kann eine umherstehende Mülltonne als genauso bedrohlich eingestuft werden wie eine für andere Hunde erquickliche Baumstumpfwippe.

Im Umgang mit anderen Hunden ist er sehr freundlich und hat so seine Probleme, sich richtig durchzusetzen. Nicht selten passiertes ihm in jungen Hundejahren, dass er von anderen Hunden bestiegen wird, die ihn dominiert wollen. Wird er von einem unflätigen Zeitgenossen angegriffen, tritt er schnellstens jaulend die Flucht in Ihre Richtung an. Selbst wenn er keinerlei Blessuren davongetragen haben sollte, wird er wehleidig herzzerreißend winseln und kaum zu beruhigen sein. Auch kann es gut sein, dass er unvorhergesehenerweise die Zähne fletscht, wenn er plötzlich nicht mehr spielen will und sich bedrängt fühlt.

Seine Motivation ist stark von seiner momentanen Stimmung abhängig. Er ist schnell beleidigt, wenn er mit ansehen muss, wie ein anderer statt seiner Spaß hat. Oft wirkt er launisch wie die Prinzessin auf der Erbse und ist überaus zickig, wenn es nicht nach seiner Hundenase läuft. Er holt das geworfene Spielzeug nur, wenn es ihm gerade beliebt. Es kratzt ihn dann nicht mal mehr, ob sich der Nachbarshund sein Lieblingsspielzeug schnappt. Er lässt sich da anscheinend rein vom Lustprinzip leiten.

Ihn allzu lange alleine zu Hause zu lassen oder ihm nicht das gewünschte Lieblingsfutter zu bringen, so wie er es gewohnt ist – solche Ausrutscher wird er Ihnen nicht so schnell verzeihen. Sein Krebs-Mars macht ihn schließlich überaus nachtragend, und so wird er Sie mit seiner Art des stillen Protestes zu so mancher Nachgiebigkeit zwingen, wenn er mal wieder beleidigt auf seine Schmollecke zusteuert. Gewogen stimmen können Sie ihn da aber zum Beispiel mit einem besonderen Leckerli: Er ist nämlich ein Genießer und wird gern seinen Hundenapf unberührt stehen lassen, wenn ein leckerer Braten im Rohr schmort und sich auch nur der Hauch einer Chance bietet, eventuell etwas abzubekommen.
Dass er auf Nimmerwiedersehen im Wald verschwinden und

ein Reh stellen könnte, darüber müssen Sie sich wirklich keine Gedanken machen. Und zwar schon alleine deswegen, weil er bei Ihnen keinesfalls in Ungnade fallen will. Als Wachhund hat er durchaus seine Qualitäten, denn er schlägt lieber einmal zu viel als einmal zu wenig an. Er hat nämlich mehr Angst als Vaterlandsliebe!

Einen Rüden mit einem Krebs-Mars kann man wahrlich nicht gerade als Womanizer bezeichnen, was aber durchaus auch seine Vorteile hat! Weibchen mit dieser Marsstellung gehen mit anderen Hündinnen alles andere als zart um und können auffallend »stutenbissig« sein.

Der Mars im Zeichen Löwe

Mit einem Mars im Löwen wird Ihr geliebter Vierbeiner immer wieder gekonnt versuchen, die Grenzen mit seinem unbändigen Charme auszuloten oder gar zu überschreiten. Bescheidenheit gehört sicherlich nicht zu seinen guten Eigenschaften, doch dafür ist er überaus aufrichtig und alles andere als falsch oder hinterhältig.

Sein Löwe-Mars macht ihn zu einem sehr schwungvollen und verantwortungsbewussten Vierbeiner. Sie können problemlos Ihre Handtasche im Cabriolet zurücklassen, er wird sie zuverlässig bewachen. Für Sie würde er alles mit seinem Leben verteidigen und einem drohenden Dieb den Garaus machen. Diese mentale Stärke und sein Durchsetzungsvermögen können jedoch auch zum Problem werden, wenn Sie ihn nicht rechtzeitig in die Schranken weisen.

Der Mars im Löwen lässt Ihren Hund ganz schön gönnerhaft, dominant und auch selbstherrlich rüberkommen. Oft schwingt er sich zum Rudelführer auf, selbst wenn er nur die Größe eines Zwergpinschers haben sollte. An ihm kommt keiner so schnell vorbei und das Stöckchen, das er abgelegt hat, wird selten von einem bedachtsamen Spielkameraden aufgenommen. Wenn doch, muss sich dieser drauf gefasst machen, dass sich Ihr Hund in eine Furie verwandelt. Auf jeden Fall wird er sich dann durchzusetzen wissen. Da wird sich ihm selbst eine Dogge unterordnen oder irritiert das Feld räumen. Passen Sie nur auf, dass er Ihnen nicht auch zu sehr seinen Willen aufzwingt!

Trotz seiner Egozentrik ist er aber absolut verschmust und sehr wohl verletzlich. Eifersüchtig wird er Sie bewachen, damit Ihnen ja keiner zu nahe kommt. Er macht keinen Hehl daraus, wen er riechen kann und wen nicht. Jähzornige Ausbrüche stehen daher schon auch mal auf der Tagesordnung. Hoffentlich leidet Ihr Hund nicht an Selbstüberschätzung, sonst möchte man Ihnen fast eine Tierkrankenversicherung nahelegen. Von Anfang an sollten Sie ihm daher lieber den Führungsanspruch abnehmen, damit Sie mit ihm nicht zum Dauergast beim Tierarzt werden. Sind die Fronten allerdings erst einmal geklärt, haben Sie mit ihm einen überaus energiegeladenen und freundlich schwänzelnden Zeitgenossen an Ihrer Seite, der Ihnen auch an Regentagen die Sonne ins Haus holt.

Wenn Sie kein Spezialtraining mit ihm absolviert haben, wird er im Wald an der kurzen Leine gehen müssen, denn seinem Jagdtrieb wird er sich kaum entziehen können. Den Job eines Wachhundes wird er brillant umsetzen und jedem lauthals klarmachen, dass das hier sein Revier ist!

Mit dieser Löwe-Mars-Stellung haben Sie einen Vollblutrüden an der Leine, der den Weibchen mit seinem imposanten Gehabe ganz schön zusetzen wird. Ist er einmal verliebt, reagiert er todbeleidigt, wenn er nicht gleich landen kann, oder er legt eine oscarverdächtige Performance hin, bis sie seinem Werben nachgibt. Weibchen mit dieser Marsstellung fühlen sich vom eindrucksvollem Gehabe eines Interessenten besonders angezogen.

Der Mars im Zeichen Jungfrau

Mit einem Jungfrau-Mars wird sich Ihr geliebter Vierbeiner Leidenschaften wie der Hundeliebe oder dem Jagen nicht ganz so sehr hingeben. Er will immer alles korrekt machen, was ihn oftmals hemmt, überhaupt etwas zu tun. Wenn Sie allerdings ein Spezialtraining mit ihm absolvieren, dann hat er selbst in einer Hundestaffel die Nase ganz vorn!

Über Aufgaben jeder Art freut er sich besonders – er ist das reinste Arbeitstier! Wenn Sie ihm einen leckeren Kauknochen geben, wird dieser augenblicklich gründlich bearbeitet – nichts und niemand wird ihn von seinem Vorhaben abhalten können, bis auch der letzte Krümel verschwunden ist.

Im Umgang mit Gleichgesinnten ist er sehr friedfertig und bedächtig. Heißblütige Machtkämpfe sind nicht sein Fall und es muss schon wirklich viel passieren, damit er keifend aus dem Pelz fährt. Allerdings wird er nur widerwillig sein Spielzeug mit einem anderen Hund teilen wollen und sehr ehrgeizig darauf bedacht sein, dass ihm keiner damit auf Nimmerwiedersehen abdampft.

Mit einem Jungfrau-Mars ist er überaus vorsichtig, und bei einem garstigen Angriff eines Widersachers wird er schleunigst Schutz in Ihrer Nähe suchen. Dafür ist ein Waldspaziergang mit ihm mehr als erholsam, da er kaum an Hoppelhasen & Co. interessiert ist. Wer es aber wagt, uneingeladen sein Territorium zu betreten, der hat richtig schlechte Karten! Er ist ein Wachhund allererster Güteklasse! Kompromisslos und unbestechlich bewacht er mit gefletschten Zähnen Haus, Hof und alles, was sich sonst noch so anbietet – wer ihn nicht ernst nimmt, bekommt diese auch zu spüren!

Ein Rüde mit einem Jungfrau-Mars ist überaus kritisch bei der Wahl, wem er sein Herz verleiht oder gar schenkt. Hat er sich jedoch einmal verliebt, werden Sie ihn bestimmt öfter bei dem Objekt seiner Begierde abholen müssen. Er ist eher umständlich als heißblütig. Tänzelt er zu lang um die heiße Hundedame herum, um sich in die »richtige« Position zu bringen, ist die Angebetete vielleicht schon mit einem anderen über alle Berge verschwunden. Einer Jungfrau-Mars-Hündin wird es im Allgemeinen wichtiger sein, Ihnen das Spielzeug zurückzubringen, als sich von einem interessierten Rüden umgarnen, geschweige denn besteigen zu lassen.

Der Mars im Zeichen Waage

Mit einem Waage-Mars wird Ihr geliebter Vierbeiner mit seinem unwiderstehlichen Charme und einem strategisch-diplomatisch Energieeinsatz alle in die Tasche stecken. Denn er hat es faustdick hinter den Hundeohren und weiß sich mit spielerischer Leichtigkeit jeden und alles gefügig zu machen.

Seine enorme Konzentrationsfähigkeit lässt ihn in Windeseile Kunststückchen erlernen, für die der gemeine Zirkushund Wochen benötigt. Voraussetzung für das Balancieren von Bällen auf der Nasenspitze ist aber, dass Sie sich als Hundebesitzer das Ziel stecken, da ihm die nötige Konsequenz dazu fehlt – eine der wenigen Eigenschaften, die er nicht mit in dieses wunderbare Hundeleben gebracht hat. Dafür werden Sie sich über die Kehrseite freuen können, denn er ist überaus liebenswert und eher faul, um nicht zu sagen, mehr als träge!

Es hat viele Vorteile, einen Hund zu besitzen, der die gemütlichen Augenblicke des Lebens nicht nur zu schätzen weiß, sondern sie auch in vollen Zügen auskostet. Blutige Auseinandersetzungen auf der Hundewiese sind nicht sein Stil. Er zieht es vor, fair einen fremden Spielball abzugeben, als zähnefletschend seinen Anspruch geltend zu machen. Falls er sich von einem anderen Hund bedrängt fühlen sollte, wird er ihm erst einmal reserviert die kalte Schulter zeigen. Allerdings ist seine »Kriegsführung« nicht zu unterschätzen. Wenn ihm einer ganz blöd kommt, kann er binnen Sekunden vom Galan zur Hyäne mutieren.
Als Jagdhund wird er Ihnen nicht unbedingt die großen Pokale holen und sich ohne großen Aufwand auch bei regem Wild-

wechsel zurückpfeifen lassen. Seine Wachhundqualitäten lassen auch etwas zu wünschen übrig. Überraschender Besuch, auch wenn es ein Einbrecher ohne Bestechungsmittel sein sollte, wird schwanzwedelnd von ihm begrüßt, wenn er ihm nur freundlich genug entgegentritt.

Ein Waage-Mars-Rüde wird nicht selten mit zartem Werben bei den Hündinnen Erfolg haben. Bei dieser Marsstellung kann er auch einer homosexuellen Vorliebe nachgehen. Grundsätzlich kann man aber sagen, dass er nicht allzu gern um jemanden wirbt, sondern lieber selbst umworben werden will. Weibchen sind mit ihrer Wechselhaftigkeit fast nicht zu erobern. Denn bis die Hundedame endlich wirklich willig wäre, vergeht oft eine Ewigkeit!

Der Mars im Zeichen Skorpion

Eine Fellnase mit einem Skorpion-Mars ist mit einer enormen Lebensenergie und Vitalität ausgestattet. Es ist alles andere als einfach, dieses Energiebündel in irgendeiner Weise zu bändigen – egal ob er die Statur eines Wolfshundes oder die eines Pekinesen hat.

In den Flegeljahren begegnet er Ihnen oft mit Trotz und wird des Öfteren auch mal grob werden. Dann kann es auch vorkommen, dass er Sie beim Spielen in die Hand zwickt, wenn Sie ihm sein Stöckchen abnehmen wollen. Immer wieder wird er auf der Hundewiese für Abwechslung und Trubel sorgen. Da schnappt er sich schon auch mal ein fremdes Spielzeug und will es dann um keinen Preis mehr hergeben. Er will besitzen und das um jeden Preis, handle es sich um den geliebten Zweibeiner oder um eine angenagte Frisbeescheibe.

Natürlich hat er auch wundervolle positive Eigenschaften in dieses Hundeleben mitgebracht – kein Wesen liebt nämlich absoluter und leidenschaftlicher als ein Vierbeiner mit einem Skorpion-Mars. Er ist überaus willensstark und ausdauernd. Was auch immer er sich vornimmt, er wird es unter allen Umständen irgendwie erreichen und auch nicht eher Ruhe geben. Wollen Sie spontan eine Wanderung auf die Zugspitze machen? Kein Problem! Denn er wird das Gipfelkreuz auch ohne vorheriges Training erreichen. Lieber läuft er sich die Pfoten blutig, als schlapp zu machen.

Eifersüchtig wacht er über Sie, damit Ihnen nur ja keiner zu nahe kommt. Er will Sie ganz und gar für sich. Dafür ist er Ihnen auch mehr als treu ergeben. Lassen Sie sich nicht allzu sehr von ihm manipulieren, denn sonst kann es gut sein, dass er Ihren Partner vergrault und Sie bald als »glücklicher« Single mit Hund durchs Leben gehen. Es kann aber auch gut sein, dass er sich Ihnen fast willenlos unterordnet, um ja nicht von Ihnen verlassen zu werden. Wenn er nämlich vor überhaupt irgendetwas Angst hat, dann davor!

Vor einer frischen Hasenfährte wird er nicht Halt machen können, Leinenzwang in freier Natur könnte ihm da schon das eine oder andere Mal blühen. Er ist halt nun mal der geborene Jäger, der nicht aufgibt, bis er das Wild gestellt hat. Wer sich ungebeten in sein Revier wagt und bei ihm keinerlei Sympathiepunkte gut hat, dem gilt keine Gnade!

Eine läufige Hundedame bringt einen Skorpion-Mars-Rüden um den Verstand. Auch wenn sie nur gut riechen sollte, vergisst er alles um sich herum. Eine Hündin mit dieser Marsstellung ist auch mehr als unberechenbar. Da muss Herrchen oder Frauchen gut Acht geben, dass sich da die eigene forsche Hundedame nicht auf Nimmerwiedersehen aus dem Staub macht.

Der Mars im Zeichen Schütze

Mit einem Schütze-Mars ist Ihre Fellnase leicht zu begeistern und hat richtig Feuer im Hundepopo! Er ist ausgestattet mit einem hohen Maß an Vitalität und einem überdurchschnittlichen Freiheitsdrang. Das macht ein Leben mit ihm mehr als nur ein bisschen aufregend! Nicht selten wird er beim Gassigehen seinen eigenen Weg einschlagen, ohne sich auch nur nach Ihnen umzusehen. Er handelt dabei sicher nicht aus Berechnung, sondern eben nur, weil es ein paar Pfotenlängen weiter so ungeheuer gut gerochen hat. Bei seiner Abenteuerlust geht er gern mal allein »strawanzen«. Ein Loch im Zaun oder eine leichte Unaufmerksamkeit seitens des geliebten Zweibeiners ist für ihn eine willkommene Gelegenheit, das Weite zu suchen.

Ihr Schütze-Mars-Hund ist ein zu Extremen neigender Abenteurer, der die Welt entdecken will und vor nichts und niemanden zurückschreckt. Seine Neugier ist groß und nicht selten leidet er an einer Selbstüberschätzung, die seine Weitsicht untergräbt und Ihnen oft das Leben schwer macht. Wenn irgendein

Hund auf einen schwindelerregend hohen und wackeligen Holzhaufen steigt, dann Ihrer! Oft hat er Unfug im Sinn und wird Ihnen nicht nur das Mobiliar annagen, wenn er unausgeglichen oder gar unausgelastet ist. Eine Hundehaftpflichtversicherung ist also bei ihm definitiv keine unnütze Investition!

Dafür ist er Ihnen normalerweise treu ergeben, aber wenn er einen flatternden Piepmatz oder einen hoppelnden Hasen sieht, dann brennt bei ihm schon auch mal eine Sicherung durch! Bei seinem Jagdtrieb könnte auch das Meerschweinchen des Nachbarn recht reizvoll sein. Ohne zu zögern wird er wie hypnotisiert hinterher hechten und möglicherweise dabei auch Schaden anrichten, wenn ihn keiner rechtzeitig davon abhält. Seine Wachhundqualitäten bringt er auf eindrucksvolle Weise zur Geltung, Eindringlinge werden aufs Schärfste verbellt und wenn nötig, wird ihnen auch den Garaus gemacht.

Mit einem Schütze-Mars wird ein Rüde jeder hübschen Hundedame von galant bis aufdringlich den Hof machen. An ihm ist ein Casanova par excellence verloren gegangen. Eine Abfuhr stachelt ihn nur noch mehr an, seine Bemühungen zu steigern, schließlich wollen die Mädels ja auch erobert werden! Oder etwa nicht? Legen Sie ihm vorsichtshalber unbedingt eine Hundemarke an, dann können Sie ihn auch wieder einsammeln, wenn er einmal stiften geht. Eine Hündin mit einem Schütze-Mars dagegen weiß schon ganz genau, wer an ihrer Rute schnüffeln darf und wer nicht – unliebsame Werber wird sie ganz schnell ihre Zähne spüren lassen!

Der Mars im Zeichen Steinbock

Haben Sie schon mal einen Hund zum Spazierengehen getragen? Wenn Ihr Hund den Mars im Steinbock hat, kann Ihnen das durchaus passieren. Setzt er sich jedoch erst einmal in Bewegung, ist ihm kein Weg zu weit und kein Berg zu hoch, als dass er schlapp machen würde. Er muss sich schließlich beweisen und ist äußerst ehrgeizig, auch wenn er dabei eher durch Ausdauer und nicht unbedingt durch Schnelligkeit besticht. Er eignet sich somit überaus gut als treuer Begleiter eines Bergsteigers oder Marathonläufers.

Bei ihm werden Sie mit einem »Nein« kaum die gewünschte Wirkung erzielen. Ein Vierbeiner mit einem Steinbock-Mars ist äußerst stur und eigenwillig. Wenn er sich etwas in den Hundedickkopf gesetzt hat, führt kein Weg mehr daran vorbei. Und falls ihn schon vorher jemand oder etwas daran gehindert hat, sein Ziel zu erreichen, wird er es bei passender Gelegenheit gleich wieder versuchen. Bei seinem Arbeitseifer steht ihm eine steile Karriere als Waldarbeiter bevor, ganz im Gegensatz zu dem, was das Jagen ohne Jagdschein betrifft. Das ist ihm schlichtweg zu mühselig. Ein selbst abgeholzter Ast wird dafür mit stolzgeschwellter Brust aus dem größten Dickicht herangeschleppt und nur tief gekränkt und auf ausdrücklichen Befehl zurückgelassen.

Wer ihn einmal enttäuscht hat, braucht sich bis ans Ende seines hoffentlich langen Hundelebens nicht mehr blicken zu lassen und wird von ihm stoisch ignoriert. Mit lapidaren Annäherungen kommt man bei ihm nicht weit, da ist er hart wie ein Stein. Seine Bedürfnisse stehen für ihn weit über allem anderen. Gleichmütig wird er so lange darauf beharren, bis Sie schließlich resigniert nachgeben. Um seinen Willen durchzusetzen, kann er im äußersten Fall sogar einmal grob werden. Dann bekommen Sie einen Ball nicht einmal mehr mit einem Wagenheber aus seinem Maul gehebelt. Dem Job als Wachhund kommt er kompromisslos und gnadenlos nach. Das Schild »Warnung vor dem Hunde« können Sie sich getrost sparen, mit Sicherheit wird es auch so keinem entgehen, dass ER hier wacht!

Ein mit einem Steinbock-Mars ausgestatteter Rüde wird bei betagteren Hundedamen schwach und sich sichtlich ins Zeug legen, statt dem Jungvolk nachzujagen. Das Herz einer Steinbock-Mars-Hündin zu erobern ist dagegen mehr als schwierig. Nur imposant wirkende Anwärter lässt sie gnädig an ihrer Rute schnüffeln, wenn sie nicht zu aufdringlich sind!

Der Mars im Zeichen Wassermann

Mit dem Mars im Wassermann hat Ihr Vierbeiner das Herz eines Wandergesellen. Seine ausgeprägte Willensfreiheit lässt ihn schwerlich Befehlen gehorchen und solche mehr als nur widerwillig befolgen. Die Kunst besteht darin, ihm das Gefühl zu geben, dass er es selbst gerade so machen wollte.
Er ist sehr impulsiv und unberechenbar, aber alles andere als kampflustig. Normalerweise ist er friedlicher Gesinnung und keineswegs aggressiv. Für ihn gibt es keine Hierarchie, der er sich unterordnen müsste.

In ihm steckt der geborene Pionier und man kann seinen Forscherdrang nicht einmal mit einem leckeren Parmaknochen ausbremsen. Alles Neue weckt in ihm den Entdecker, dem keine Wollmaus unterm Sofa entgeht. Bis er sich entspannt neben Ihnen niederlassen kann, muss er erst das gesamte Terrain ausgiebig erforschen und auf den Kopf stellen.
Die größte Freude bereiten Sie ihm mit einem Suchspiel. Seine grandiose Nasenarbeit können Sie durchaus zu einer amüsanten Showeinlage ausbauen.

Als Jagd- oder Wachhund eignet er sich nicht so besonders. Er ist alles andere als ein williger Befehlsempfänger. Zu sehr ist er mit allem, was um ihn herum kreucht und fleucht beschäftigt. Da ist eine frische Fuchsfährte nicht ganz so spannend und Neuankömmlinge werden von ihm grundsätzlich freundlich begrüßt.

Bei den Hundedamen ist Ihr Wassermann-Mars-Rüde sehr beliebt und kommt mit seiner unaufdringlichen, spielerischen Art immer gut an. Er fixiert sich nicht auf eine ganz Bestimmte und ist auch generell nicht besonders triebhaft veranlagt. Eine Wassermann-Mars-Hündin tanzt gern auf mehreren Hundehochzeiten und wird geschickt einen ganzen Tross Verehrer hinter sich herziehen, ohne dass sie verbindliche Absichten hegt.

Der Mars im Zeichen Fisch

Wenn Ihr treuer Vierbeiner den Mars im Fisch hat, ist er ein sehr hingabefähiger und empfindsamer Zeitgenosse. Er hat ein großes Bedürfnis nach Geborgenheit und braucht viele Streicheleinheiten und Zuwendung.

Sein Fische-Mars macht ihn auch recht launisch. Von einer Sekunde auf die andere kann er von freundlich schwänzelnd auf zu Tode betrübt umschalten, ohne dass sich ein Grund erkennen lässt. Er ist sehr vorsichtig und beileibe nicht der Mutigste, zumeist traut er sich nicht wirklich etwas zu.
Man könnte ihn fast schon als Angsthasen bezeichnen. Das Schöne ist, er muss sich nicht ständig aufs Neue beweisen und läuft meist tapsig verträumt neben Ihnen her, anstatt sich mit anderen Hunden zu keilen. Mit Schläue und Diplomatie windet er sich meist gekonnt aus einer prekären Situation heraus, ohne dass Sie ihm beistehen müssten. Nur wenn er hinterrücks angegriffen wird, fletscht er die Zähne und sucht bei Ihnen Schutz.

Im Umgang mit anderen Hunden ist er sehr sanft. Für ihn gibt es nichts Schöneres, als sich mit einem Spielkameraden gegenseitig zart am Ohr zupfend über eine Wiese zu jagen. Allerdings werden Sie so Ihre Schwierigkeiten haben, ihn von einem Gleichgesinnten zu trennen, obwohl er grundsätzlich recht folgsam ist. Er neigt dazu, sich zu verausgaben und seine Kräfte zu überschätzen. Gönnen Sie ihm immer wieder ausreichend Hechelpausen. Sonst müssen Sie ihn noch eines schönen Tages nach Hause tragen, wenn er es mal wieder übertrieben hat.

Mit dem Mars im Fisch ist Ihre Fellnase die reinste Wasserratte, er kommt an keiner Wasserpfütze vorbei, ohne nicht doch eine Pfote hineinzusetzen. Kein Tümpel ist vor ihm sicher, nicht einmal drohende Schwäne können ihm den Badespaß verderben. Sein Jagdinstinkt ist nicht besonders ausgeprägt, dafür ist er nicht zielstrebig genug. Wenn er nicht allzu ängstlich veranlagt ist, würde er eher mit einem Einbrecher spielen, anstatt ihn durchs Grundstück zu hetzen.

Niemals würde sich ein Fische-Mars-Rüde wegen eines Weibchens prügeln. Von Weitem wird er sie verliebt anhimmeln, anstatt sich die wohlduftende Hundedame gefügig zu machen. Er leidet wie der sprichwörtliche Hund, wenn ihn die Geliebte mit Nichtachtung straft. Eine Hündin mit einem Fische-Mars kann sich nur schwer bei einem aufdringlichen Anwärter ihres Fells erwehren, da werden Sie schon dazwischengehen müssen.

Ephemeriden-/Sternentabelle 2005 bis 2014

☉	Sonne
☾	Mond
☿	Merkur
♀	Venus
♂	Mars

♈	Widder
♉	Stier
♊	Zwilling
♋	Krebs
♌	Löwe
♍	Jungfrau
♎	Waage
♏	Skorpion
♐	Schütze
♑	Steinbock
♒	Wassermann
♓	Fische

Januar	Sonne ☉	Mond ☾	Merkur ☿	Venus ♀	Mars ♂
1	♑	♍	♐	♐	♐
2	♑	♍	♐	♐	♐
3	♑	♎	♐	♐	♐
4	♑	♎	♐	♐	♐
5	♑	♏	♐	♐	♐
6	♑	♏	♐	♐	♐
7	♑	♏	♐	♐	♐
8	♑	♐	♐	♐	♐
9	♑	♐	♐	♐	♐
10	♑	♑	♐	♑	♐
11	♑	♑	♐	♑	♐
12	♑	♒	♑	♑	♐
13	♑	♒	♑	♑	♐
14	♑	♓	♑	♑	♐
15	♑	♓	♑	♑	♐
16	♑	♈	♑	♑	♐
17	♑	♈	♑	♑	♐
18	♑	♉	♑	♑	♐
19	♑	♉	♑	♑	♐
20	♑	♊	♑	♑	♐
21	♒	♊	♑	♑	♐
22	♒	♊	♑	♑	♐
23	♒	♋	♑	♑	♐
24	♒	♋	♑	♑	♐
25	♒	♌	♑	♑	♐
26	♒	♌	♑	♑	♐
27	♒	♌	♑	♑	♐
28	♒	♍	♑	♑	♐
29	♒	♍	♑	♑	♐
30	♒	♎	♑	♑	♐
31	♒	♎	♒	♑	♐

Februar	Sonne ☉	Mond ☾	Merkur ☿	Venus ♀	Mars ♂
1	♒	♎	♒	♑	♐
2	♒	♏	♒	♑	♐
3	♒	♏	♒	♒	♐
4	♒	♐	♒	♒	♐
5	♒	♐	♒	♒	♐
6	♒	♑	♒	♒	♐
7	♒	♑	♒	♒	♑
8	♒	♒	♒	♒	♑
9	♒	♒	♒	♒	♑
10	♒	♓	♒	♒	♑
11	♒	♓	♒	♒	♑
12	♒	♈	♒	♒	♑
13	♒	♈	♒	♒	♑
14	♒	♉	♒	♒	♑
15	♒	♉	♒	♒	♑
16	♒	♉	♒	♒	♑
17	♒	♊	♓	♒	♑
18	♒	♊	♓	♒	♑
19	♒	♋	♓	♒	♑
20	♓	♋	♓	♒	♑
21	♓	♋	♓	♒	♑
22	♓	♌	♓	♒	♑
23	♓	♌	♓	♒	♑
24	♓	♍	♓	♒	♑
25	♓	♍	♓	♒	♑
26	♓	♍	♓	♒	♑
27	♓	♎	♓	♓	♓
28	♓	♎	♓	♓	♓

März	Sonne ☉	Mond ☾	Merkur ☿	Venus ♀	Mars ♂
1	♓	♏	♓	♓	♓
2	♓	♏	♓	♓	♓
3	♓	♐	♓	♓	♓
4	♓	♐	♓	♓	♓
5	♓	♑	♓	♓	♓
6	♓	♑	♈	♓	♑
7	♓	♒	♈	♓	♑
8	♓	♒	♈	♓	♑
9	♓	♒	♈	♓	♑
10	♓	♓	♈	♓	♑
11	♓	♓	♈	♓	♑
12	♓	♈	♈	♓	♑
13	♓	♈	♈	♓	♑
14	♓	♉	♈	♓	♑
15	♓	♉	♈	♓	♑
16	♓	♊	♈	♓	♑
17	♓	♊	♈	♓	♑
18	♓	♊	♈	♓	♑
19	♓	♋	♈	♓	♑
20	♓	♋	♈	♓	♑
21	♈	♌	♈	♓	♒
22	♈	♌	♈	♓	♒
23	♈	♌	♈	♈	♒
24	♈	♍	♈	♈	♒
25	♈	♍	♈	♈	♒
26	♈	♎	♈	♈	♒
27	♈	♎	♈	♈	♒
28	♈	♏	♈	♈	♒
29	♈	♏	♈	♈	♒
30	♈	♐	♈	♈	♒
31	♈	♐	♈	♈	♒

April	Sonne ☉	Mond ☾	Merkur ☿	Venus ♀	Mars ♂
1	♈	♐	♈	♈	♒
2	♈	♑	♈	♈	♒
3	♈	♑	♈	♈	♒
4	♈	♒	♈	♈	♒
5	♈	♒	♈	♈	♒
6	♈	♓	♈	♈	♒
7	♈	♓	♈	♈	♒
8	♈	♈	♈	♈	♒
9	♈	♈	♈	♈	♒
10	♈	♉	♈	♈	♒
11	♈	♉	♈	♈	♒
12	♈	♊	♈	♈	♒
13	♈	♊	♈	♈	♒
14	♈	♊	♈	♈	♒
15	♈	♋	♈	♈	♒
16	♈	♋	♈	♉	♒
17	♈	♌	♈	♉	♒
18	♈	♌	♈	♉	♒
19	♈	♌	♈	♉	♒
20	♈	♍	♈	♉	♒
21	♈	♍	♈	♉	♒
22	♉	♎	♈	♉	♒
23	♉	♎	♈	♉	♒
24	♉	♎	♈	♉	♒
25	♉	♏	♈	♉	♒
26	♉	♏	♈	♉	♒
27	♉	♐	♈	♉	♒
28	♉	♐	♈	♉	♒
29	♉	♑	♈	♉	♒
30	♉	♑	♈	♉	♒

Mai	Sonne ☉	Mond ☾	Merkur ☿	Venus ♀	Mars ♂
1	♉	♒	♈	♉	♒
2	♉	♒	♈	♉	♓
3	♉	♓	♈	♉	♓
4	♉	♓	♈	♉	♓
5	♉	♈	♈	♉	♓
6	♉	♈	♈	♉	♓
7	♉	♈	♈	♉	♓
8	♉	♉	♈	♉	♓
9	♉	♉	♈	♉	♓
10	♉	♊	♈	♉	♓
11	♉	♊	♈	♊	♓
12	♉	♋	♈	♊	♓
13	♉	♋	♉	♊	♓
14	♉	♋	♉	♊	♓
15	♉	♌	♉	♊	♓
16	♉	♌	♉	♊	♓
17	♉	♍	♉	♊	♓
18	♉	♍	♉	♊	♓
19	♉	♍	♉	♊	♓
20	♉	♎	♉	♊	♓
21	♊	♎	♉	♊	♓
22	♊	♏	♉	♊	♓
23	♊	♏	♉	♊	♓
24	♊	♐	♉	♊	♓
25	♊	♐	♉	♊	♓
26	♊	♑	♉	♊	♓
27	♊	♑	♉	♊	♓
28	♊	♒	♉	♊	♓
29	♊	♒	♉	♊	♓
30	♊	♓	♊	♊	♓
31	♊	♓	♊	♊	♓

Juni	Sonne ☉	Mond ☾	Merkur ☿	Venus ♀	Mars ♂
1	♊	♓	♊	♊	♓
2	♊	♈	♊	♊	♓
3	♊	♈	♊	♊	♓
4	♊	♉	♊	♋	♓
5	♊	♉	♊	♋	♓
6	♊	♊	♊	♋	♓
7	♊	♊	♊	♋	♓
8	♊	♊	♊	♋	♓
9	♊	♋	♊	♋	♓
10	♊	♋	♊	♋	♓
11	♊	♌	♊	♋	♓
12	♊	♌	♋	♋	♓
13	♊	♌	♋	♋	♈
14	♊	♍	♋	♋	♈
15	♊	♍	♋	♋	♈
16	♊	♎	♋	♋	♈
17	♊	♎	♋	♋	♈
18	♊	♏	♋	♋	♈
19	♊	♏	♋	♋	♈
20	♊	♏	♋	♋	♈
21	♊	♐	♋	♋	♈
22	♋	♐	♋	♋	♈
23	♋	♑	♋	♋	♈
24	♋	♑	♋	♋	♈
25	♋	♒	♋	♋	♈
26	♋	♒	♋	♋	♈
27	♋	♓	♋	♋	♈
28	♋	♓	♋	♋	♈
29	♋	♈	♌	♋	♈
30	♋	♈	♌	♌	♈

Juli	Sonne ☉	Mond ☾	Merkur ☿	Venus ♀	Mars ♂
1	♋	♉	♌	♌	♈
2	♋	♉	♌	♌	♈
3	♋	♊	♌	♌	♈
4	♋	♊	♌	♌	♈
5	♋	♊	♌	♌	♈
6	♋	♋	♌	♌	♈
7	♋	♋	♌	♌	♈
8	♋	♌	♌	♌	♈
9	♋	♌	♌	♌	♈
10	♋	♌	♌	♌	♈
11	♋	♍	♌	♌	♈
12	♋	♍	♌	♌	♈
13	♋	♎	♌	♌	♈
14	♋	♎	♌	♌	♈
15	♋	♎	♌	♌	♈
16	♋	♏	♌	♌	♈
17	♋	♏	♌	♌	♈
18	♋	♐	♌	♌	♈
19	♋	♐	♌	♌	♈
20	♋	♑	♌	♌	♈
21	♋	♑	♌	♌	♈
22	♋	♒	♌	♌	♈
23	♌	♒	♌	♌	♈
24	♌	♓	♌	♍	♈
25	♌	♓	♌	♍	♈
26	♌	♈	♌	♍	♈
27	♌	♈	♌	♍	♈
28	♌	♉	♌	♍	♈
29	♌	♉	♌	♍	♉
30	♌	♉	♌	♍	♉
31	♌	♊	♌	♍	♉

August	Sonne ☉	Mond ☾	Merkur ☿	Venus ♀	Mars ♂
1	♌	♊	♌	♍	♉
2	♌	♋	♌	♍	♉
3	♌	♋	♌	♍	♉
4	♌	♋	♌	♍	♉
5	♌	♌	♌	♍	♉
6	♌	♌	♌	♍	♉
7	♌	♍	♌	♍	♉
8	♌	♍	♌	♍	♉
9	♌	♍	♌	♍	♉
10	♌	♎	♌	♍	♉
11	♌	♎	♌	♍	♉
12	♌	♏	♌	♍	♉
13	♌	♏	♌	♍	♉
14	♌	♐	♌	♍	♉
15	♌	♐	♌	♍	♉
16	♌	♑	♌	♍	♉
17	♌	♑	♌	♍	♉
18	♌	♒	♌	♎	♉
19	♌	♒	♌	♎	♉
20	♌	♓	♌	♎	♉
21	♌	♓	♌	♎	♉
22	♌	♈	♌	♎	♉
23	♌	♈	♌	♎	♉
24	♍	♈	♌	♎	♉
25	♍	♉	♌	♎	♉
26	♍	♉	♌	♎	♉
27	♍	♊	♌	♎	♉
28	♍	♊	♌	♎	♉
29	♍	♋	♌	♎	♉
30	♍	♋	♌	♎	♉
31	♍	♋	♌	♎	♉

September	Sonne ☉	Mond ☾	Merkur ☿	Venus ♀	Mars ♂
1	♍	♌	♌	♎	♉
2	♍	♌	♌	♎	♉
3	♍	♍	♌	♎	♉
4	♍	♍	♌	♎	♉
5	♍	♍	♍	♎	♉
6	♍	♎	♍	♎	♉
7	♍	♎	♍	♎	♉
8	♍	♏	♍	♎	♉
9	♍	♏	♍	♎	♉
10	♍	♏	♍	♎	♉
11	♍	♐	♍	♎	♉
12	♍	♐	♍	♏	♉
13	♍	♑	♍	♏	♉
14	♍	♑	♍	♏	♉
15	♍	♒	♍	♏	♉
16	♍	♒	♍	♏	♉
17	♍	♓	♍	♏	♉
18	♍	♓	♍	♏	♉
19	♍	♈	♍	♏	♉
20	♍	♈	♍	♏	♉
21	♍	♉	♎	♏	♉
22	♍	♉	♎	♏	♉
23	♍	♊	♎	♏	♉
24	♎	♊	♎	♏	♉
25	♎	♊	♎	♏	♉
26	♎	♋	♎	♏	♉
27	♎	♋	♎	♏	♉
28	♎	♌	♎	♏	♉
29	♎	♌	♎	♏	♉
30	♎	♌	♎	♏	♉

Oktober	Sonne ☉	Mond ☾	Merkur ☿	Venus ♀	Mars ♂
1	♎	♍	♎	♏	♉
2	♎	♍	♎	♏	♉
3	♎	♎	♎	♏	♉
4	♎	♎	♎	♏	♉
5	♎	♎	♎	♏	♉
6	♎	♏	♎	♏	♉
7	♎	♏	♎	♏	♉
8	♎	♐	♎	♏	♉
9	♎	♐	♏	♐	♉
10	♎	♑	♏	♐	♉
11	♎	♑	♏	♐	♉
12	♎	♒	♏	♐	♉
13	♎	♒	♏	♐	♉
14	♎	♓	♏	♐	♉
15	♎	♓	♏	♐	♉
16	♎	♈	♏	♐	♉
17	♎	♈	♏	♐	♉
18	♎	♉	♏	♐	♉
19	♎	♉	♏	♐	♉
20	♎	♉	♏	♐	♉
21	♎	♊	♏	♐	♉
22	♎	♊	♏	♐	♉
23	♎	♋	♏	♐	♉
24	♏	♌	♏	♐	♉
25	♏	♌	♏	♐	♉
26	♏	♌	♏	♐	♉
27	♏	♌	♏	♐	♉
28	♏	♍	♏	♐	♉
29	♏	♍	♏	♐	♉
30	♏	♎	♏	♐	♉
31	♏	♎	♐	♐	♉

November	Sonne ☉	Mond ☾	Merkur ☿	Venus ♀	Mars ♂
1	♏	♎	♐	♐	♉
2	♏	♏	♐	♐	♉
3	♏	♏	♐	♐	♉
4	♏	♐	♐	♐	♉
5	♏	♐	♐	♐	♉
6	♏	♑	♐	♑	♉
7	♏	♑	♐	♑	♉
8	♏	♒	♐	♑	♉
9	♏	♒	♐	♑	♉
10	♏	♒	♐	♑	♉
11	♏	♓	♐	♑	♉
12	♏	♓	♐	♑	♉
13	♏	♈	♐	♑	♉
14	♏	♈	♐	♑	♉
15	♏	♉	♐	♑	♉
16	♏	♉	♐	♑	♉
17	♏	♊	♐	♑	♉
18	♏	♊	♐	♑	♉
19	♏	♋	♐	♑	♉
20	♏	♋	♐	♑	♉
21	♏	♋	♐	♑	♉
22	♏	♌	♐	♑	♉
23	♐	♌	♐	♑	♉
24	♐	♍	♐	♑	♉
25	♐	♍	♐	♑	♉
26	♐	♍	♐	♑	♉
27	♐	♎	♏	♑	♉
28	♐	♎	♏	♑	♉
29	♐	♏	♏	♑	♉
30	♐	♏	♏	♑	♉

Dezember	Sonne ☉	Mond ☾	Merkur ☿	Venus ♀	Mars ♂
1	♐	♐	♏	♑	♉
2	♐	♐	♏	♑	♉
3	♐	♐	♏	♑	♉
4	♐	♑	♏	♑	♉
5	♐	♑	♏	♑	♉
6	♐	♒	♏	♑	♉
7	♐	♒	♏	♑	♉
8	♐	♓	♏	♑	♉
9	♐	♓	♏	♑	♉
10	♐	♈	♏	♑	♉
11	♐	♈	♏	♑	♉
12	♐	♉	♏	♑	♉
13	♐	♉	♏	♑	♉
14	♐	♊	♐	♑	♉
15	♐	♊	♐	♑	♉
16	♐	♊	♐	♒	♉
17	♐	♋	♐	♒	♉
18	♐	♋	♐	♒	♉
19	♐	♌	♐	♒	♉
20	♐	♌	♐	♒	♉
21	♐	♌	♐	♒	♉
22	♑	♍	♐	♒	♉
23	♑	♍	♐	♒	♉
24	♑	♎	♐	♒	♉
25	♑	♎	♐	♒	♉
26	♑	♎	♐	♒	♉
27	♑	♏	♐	♒	♉
28	♑	♏	♐	♒	♉
29	♑	♐	♐	♒	♉
30	♑	♐	♐	♒	♉
31	♑	♑	♐	♒	♉

Januar	Sonne ☉	Mond ☾	Merkur ☿	Venus ♀	Mars ♂
1	♑	♑	♐	♑	♉
2	♑	♒	♐	♑	♉
3	♑	♒	♐	♑	♉
4	♑	♓	♑	♑	♉
5	♑	♓	♑	♑	♉
6	♑	♈	♑	♑	♉
7	♑	♈	♑	♑	♉
8	♑	♉	♑	♑	♉
9	♑	♉	♑	♑	♉
10	♑	♉	♑	♑	♉
11	♑	♊	♑	♑	♉
12	♑	♊	♑	♑	♉
13	♑	♋	♑	♑	♉
14	♑	♋	♑	♑	♉
15	♑	♌	♑	♑	♉
16	♑	♌	♑	♑	♉
17	♑	♌	♑	♑	♉
18	♑	♍	♑	♑	♉
19	♑	♍	♑	♑	♉
20	♑	♎	♑	♑	♉
21	♒	♎	♑	♑	♉
22	♒	♎	♑	♑	♉
23	♒	♏	♒	♑	♉
24	♒	♏	♒	♑	♉
25	♒	♐	♒	♑	♉
26	♒	♐	♒	♑	♉
27	♒	♑	♒	♑	♉
28	♒	♑	♒	♑	♉
29	♒	♒	♒	♑	♉
30	♒	♒	♒	♑	♉
31	♒	♓	♒	♑	♉

Februar	Sonne ☉	Mond ☾	Merkur ☿	Venus ♀	Mars ♂
1	♒	♓	♒	♑	♉
2	♒	♈	♒	♑	♉
3	♒	♈	♒	♑	♉
4	♒	♈	♒	♑	♉
5	♒	♉	♒	♑	♉
6	♒	♉	♒	♑	♉
7	♒	♊	♒	♑	♉
8	♒	♊	♒	♑	♉
9	♒	♋	♒	♑	♉
10	♒	♋	♓	♑	♉
11	♒	♋	♓	♑	♉
12	♒	♌	♓	♑	♉
13	♒	♌	♓	♑	♉
14	♒	♍	♓	♑	♉
15	♒	♍	♓	♑	♉
16	♒	♍	♓	♑	♉
17	♒	♎	♓	♑	♉
18	♒	♎	♓	♑	♊
19	♒	♏	♓	♑	♊
20	♓	♏	♓	♑	♊
21	♓	♏	♓	♑	♊
22	♓	♐	♓	♑	♊
23	♓	♐	♓	♑	♊
24	♓	♑	♓	♑	♊
25	♓	♑	♓	♑	♊
26	♓	♒	♓	♑	♊
27	♓	♒	♓	♑	♊
28	♓	♓	♓	♑	♊

März	Sonne ☉	Mond ☾	Merkur ☿	Venus ♀	Mars ♂
1	♓	♓	♓	♑	♊
2	♓	♈	♓	♑	♊
3	♓	♈	♓	♑	♊
4	♓	♉	♓	♑	♊
5	♓	♉	♓	♑	♊
6	♓	♊	♓	♒	♊
7	♓	♊	♓	♒	♊
8	♓	♋	♓	♒	♊
9	♓	♋	♓	♒	♊
10	♓	♋	♓	♒	♊
11	♓	♌	♓	♒	♊
12	♓	♌	♓	♒	♊
13	♓	♍	♓	♒	♊
14	♓	♍	♓	♒	♊
15	♓	♍	♓	♒	♊
16	♓	♎	♓	♒	♊
17	♓	♎	♈	♒	♊
18	♓	♏	♈	♒	♊
19	♓	♏	♈	♒	♊
20	♓	♏	♈	♒	♊
21	♈	♐	♈	♒	♊
22	♈	♐	♈	♒	♊
23	♈	♑	♈	♒	♊
24	♈	♑	♈	♒	♊
25	♈	♒	♈	♒	♊
26	♈	♒	♈	♒	♊
27	♈	♓	♈	♒	♊
28	♈	♓	♈	♒	♊
29	♈	♈	♈	♒	♊
30	♈	♈	♈	♒	♊
31	♈	♉	♈	♒	♊

April	Sonne ☉	Mond ☾	Merkur ☿	Venus ♀	Mars ♂
1	♈	♉	♈	♒	♊
2	♈	♊	♈	♒	♊
3	♈	♊	♈	♒	♊
4	♈	♊	♈	♒	♊
5	♈	♋	♈	♒	♊
6	♈	♋	♉	♒	♊
7	♈	♌	♉	♓	♊
8	♈	♌	♉	♓	♊
9	♈	♌	♉	♓	♊
10	♈	♍	♉	♓	♊
11	♈	♍	♉	♓	♊
12	♈	♎	♉	♓	♊
13	♈	♎	♉	♓	♊
14	♈	♎	♉	♓	♊
15	♈	♏	♉	♓	♋
16	♈	♏	♉	♓	♋
17	♈	♐	♉	♓	♋
18	♈	♐	♉	♓	♋
19	♈	♑	♉	♓	♋
20	♈	♑	♊	♓	♋
21	♈	♑	♊	♓	♋
22	♉	♒	♊	♓	♋
23	♉	♒	♊	♓	♋
24	♉	♓	♊	♓	♋
25	♉	♓	♊	♓	♋
26	♉	♈	♊	♓	♋
27	♉	♈	♊	♓	♋
28	♉	♉	♊	♓	♋
29	♉	♉	♊	♓	♋
30	♉	♊	♊	♓	♋

Mai	Sonne ☉	Mond ☾	Merkur ☿	Venus ♀	Mars ♂
1	♉	♊	♊	♓	♋
2	♉	♋	♊	♓	♋
3	♉	♋	♊	♓	♋
4	♉	♋	♋	♈	♋
5	♉	♌	♋	♈	♋
6	♉	♌	♋	♈	♋
7	♉	♍	♋	♈	♋
8	♉	♍	♋	♈	♋
9	♉	♍	♋	♈	♋
10	♉	♎	♋	♈	♋
11	♉	♎	♋	♈	♋
12	♉	♏	♋	♈	♋
13	♉	♏	♋	♈	♋
14	♉	♐	♋	♈	♋
15	♉	♐	♋	♈	♋
16	♉	♐	♋	♈	♋
17	♉	♑	♋	♈	♋
18	♉	♑	♋	♈	♋
19	♉	♒	♋	♈	♋
20	♉	♒	♋	♈	♋
21	♊	♓	♋	♈	♋
22	♊	♓	♋	♈	♋
23	♊	♈	♋	♈	♋
24	♊	♈	♋	♈	♋
25	♊	♉	♋	♈	♋
26	♊	♉	♋	♈	♋
27	♊	♊	♋	♈	♋
28	♊	♊	♋	♈	♋
29	♊	♊	♋	♈	♋
30	♊	♋	♌	♉	♋
31	♊	♋	♌	♉	♋

Juni	Sonne ☉	Mond ☾	Merkur ☿	Venus ♀	Mars ♂
1	♊	♌	♌	♉	♋
2	♊	♌	♌	♉	♋
3	♊	♍	♌	♉	♋
4	♊	♍	♌	♉	♌
5	♊	♍	♌	♉	♌
6	♊	♎	♌	♉	♌
7	♊	♎	♌	♉	♌
8	♊	♏	♌	♉	♌
9	♊	♏	♌	♉	♌
10	♊	♏	♌	♉	♌
11	♊	♐	♋	♉	♌
12	♊	♐	♋	♉	♌
13	♊	♑	♋	♉	♌
14	♊	♑	♋	♉	♌
15	♊	♒	♋	♉	♌
16	♊	♒	♋	♉	♌
17	♊	♓	♋	♉	♌
18	♊	♓	♋	♉	♌
19	♊	♈	♋	♉	♌
20	♊	♈	♋	♉	♌
21	♊	♉	♋	♉	♌
22	♋	♉	♋	♉	♌
23	♋	♉	♋	♉	♌
24	♋	♊	♋	♉	♌
25	♋	♊	♋	♊	♌
26	♋	♋	♋	♊	♌
27	♋	♋	♋	♊	♌
28	♋	♌	♋	♊	♌
29	♋	♌	♌	♊	♌
30	♋	♌	♌	♊	♌

Juli	Sonne ☉	Mond ☾	Merkur ☿	Venus ♀	Mars ♂
1	♋	♍	♌	♊	♌
2	♋	♍	♌	♊	♌
3	♋	♎	♌	♊	♌
4	♋	♎	♌	♊	♌
5	♋	♎	♌	♊	♌
6	♋	♏	♌	♊	♌
7	♋	♏	♌	♊	♌
8	♋	♐	♌	♊	♌
9	♋	♐	♌	♊	♌
10	♋	♑	♌	♊	♌
11	♋	♑	♋	♊	♌
12	♋	♒	♋	♊	♌
13	♋	♒	♋	♊	♌
14	♋	♓	♋	♊	♌
15	♋	♓	♋	♊	♌
16	♋	♓	♋	♊	♌
17	♋	♈	♋	♊	♌
18	♋	♈	♋	♊	♌
19	♋	♉	♋	♊	♌
20	♋	♉	♋	♋	♌
21	♋	♊	♋	♋	♌
22	♋	♊	♋	♋	♌
23	♌	♋	♋	♋	♍
24	♌	♋	♋	♋	♍
25	♌	♋	♋	♋	♍
26	♌	♌	♋	♋	♍
27	♌	♌	♋	♋	♍
28	♌	♍	♋	♋	♍
29	♌	♍	♋	♋	♍
30	♌	♍	♋	♋	♍
31	♌	♎	♋	♋	♍

August	Sonne ☉	Mond ☾	Merkur ☿	Venus ♀	Mars ♂
1	♌	♎	♋	♋	♍
2	♌	♏	♋	♋	♍
3	♌	♏	♋	♋	♍
4	♌	♐	♋	♋	♍
5	♌	♐	♋	♋	♍
6	♌	♐	♋	♋	♍
7	♌	♑	♋	♋	♍
8	♌	♑	♋	♋	♍
9	♌	♒	♋	♋	♍
10	♌	♒	♋	♋	♍
11	♌	♓	♋	♋	♍
12	♌	♓	♌	♋	♍
13	♌	♈	♌	♌	♍
14	♌	♈	♌	♌	♍
15	♌	♉	♌	♌	♍
16	♌	♉	♌	♌	♍
17	♌	♊	♌	♌	♍
18	♌	♊	♌	♌	♍
19	♌	♋	♌	♌	♍
20	♌	♋	♌	♌	♍
21	♌	♋	♌	♌	♍
22	♌	♌	♌	♌	♍
23	♌	♌	♌	♌	♍
24	♍	♍	♌	♌	♍
25	♍	♍	♌	♌	♍
26	♍	♍	♌	♌	♍
27	♍	♎	♌	♌	♍
28	♍	♎	♍	♌	♍
29	♍	♏	♍	♌	♍
30	♍	♏	♍	♌	♍
31	♍	♏	♍	♌	♍

September	Sonne ☉	Mond ☾	Merkur ☿	Venus ♀	Mars ♂
1	♍	♐	♍	♌	♍
2	♍	♐	♍	♌	♍
3	♍	♑	♍	♌	♍
4	♍	♑	♍	♌	♍
5	♍	♒	♍	♌	♍
6	♍	♒	♍	♌	♍
7	♍	♓	♍	♍	♍
8	♍	♓	♍	♍	♍
9	♍	♈	♍	♍	♎
10	♍	♈	♍	♍	♎
11	♍	♉	♍	♍	♎
12	♍	♉	♍	♍	♎
13	♍	♊	♎	♍	♎
14	♍	♊	♎	♍	♎
15	♍	♊	♎	♍	♎
16	♍	♋	♎	♍	♎
17	♍	♋	♎	♍	♎
18	♍	♌	♎	♍	♎
19	♍	♌	♎	♍	♎
20	♍	♌	♎	♍	♎
21	♍	♍	♎	♍	♎
22	♍	♍	♎	♍	♎
23	♍	♎	♎	♍	♎
24	♎	♎	♎	♍	♎
25	♎	♎	♎	♍	♎
26	♎	♏	♎	♍	♎
27	♎	♏	♎	♍	♎
28	♎	♐	♎	♍	♎
29	♎	♐	♎	♍	♎
30	♎	♑	♎	♍	♎

Oktober	Sonne ☉	Mond ☾	Merkur ☿	Venus ♀	Mars ♂
1	♎	♑	♎	♎	♎
2	♎	♑	♎	♎	♎
3	♎	♒	♏	♎	♎
4	♎	♒	♏	♎	♎
5	♎	♓	♏	♎	♎
6	♎	♓	♏	♎	♎
7	♎	♈	♏	♎	♎
8	♎	♈	♏	♎	♎
9	♎	♉	♏	♎	♎
10	♎	♉	♏	♎	♎
11	♎	♊	♏	♎	♎
12	♎	♊	♏	♎	♎
13	♎	♋	♏	♎	♎
14	♎	♋	♏	♎	♎
15	♎	♌	♏	♎	♎
16	♎	♌	♏	♎	♎
17	♎	♌	♏	♎	♎
18	♎	♍	♏	♎	♎
19	♎	♍	♏	♎	♎
20	♎	♎	♏	♎	♎
21	♎	♎	♏	♎	♎
22	♎	♎	♏	♎	♎
23	♎	♏	♏	♎	♏
24	♏	♏	♏	♎	♏
25	♏	♐	♏	♏	♏
26	♏	♐	♏	♏	♏
27	♏	♐	♏	♏	♏
28	♏	♑	♏	♏	♏
29	♏	♑	♏	♏	♏
30	♏	♒	♏	♏	♏
31	♏	♒	♏	♏	♏

November	Sonne ☉	Mond ☾	Merkur ☿	Venus ♀	Mars ♂
1	♏	♓	♏	♏	♏
2	♏	♓	♏	♏	♏
3	♏	♈	♏	♏	♏
4	♏	♈	♏	♏	♏
5	♏	♉	♏	♏	♏
6	♏	♉	♏	♏	♏
7	♏	♊	♏	♏	♏
8	♏	♊	♏	♏	♏
9	♏	♋	♏	♏	♏
10	♏	♋	♏	♏	♏
11	♏	♋	♏	♏	♏
12	♏	♌	♏	♏	♏
13	♏	♌	♏	♏	♏
14	♏	♍	♏	♏	♏
15	♏	♍	♏	♏	♏
16	♏	♍	♏	♏	♏
17	♏	♎	♏	♏	♏
18	♏	♎	♏	♐	♏
19	♏	♏	♏	♐	♏
20	♏	♏	♏	♐	♏
21	♏	♏	♏	♐	♏
22	♏	♐	♏	♐	♏
23	♐	♐	♏	♐	♏
24	♐	♑	♏	♐	♏
25	♐	♑	♏	♐	♏
26	♐	♒	♏	♐	♏
27	♐	♒	♏	♐	♏
28	♐	♓	♏	♐	♏
29	♐	♓	♏	♐	♏
30	♐	♈	♏	♐	♏

Dezember	Sonne ☉	Mond ☾	Merkur ☿	Venus ♀	Mars ♂
1	♐	♈	♏	♐	♏
2	♐	♈	♏	♐	♏
3	♐	♉	♏	♐	♏
4	♐	♉	♏	♐	♏
5	♐	♊	♏	♐	♏
6	♐	♊	♏	♐	♏
7	♐	♋	♏	♐	♐
8	♐	♋	♏	♐	♐
9	♐	♌	♐	♐	♐
10	♐	♌	♐	♐	♐
11	♐	♍	♐	♐	♐
12	♐	♍	♐	♑	♐
13	♐	♍	♐	♑	♐
14	♐	♎	♐	♑	♐
15	♐	♎	♐	♑	♐
16	♐	♏	♐	♑	♐
17	♐	♏	♐	♑	♐
18	♐	♏	♐	♑	♐
19	♐	♐	♐	♑	♐
20	♐	♐	♐	♑	♐
21	♐	♑	♐	♑	♐
22	♑	♑	♐	♑	♐
23	♑	♒	♐	♑	♐
24	♑	♒	♐	♑	♐
25	♑	♒	♐	♑	♐
26	♑	♓	♐	♑	♐
27	♑	♓	♐	♑	♐
28	♑	♈	♐	♑	♐
29	♑	♈	♐	♑	♐
30	♑	♉	♐	♑	♐
31	♑	♉	♐	♑	♐

Januar	Sonne ☉	Mond ☾	Merkur ☿	Venus ♀	Mars ♂
1	♑	♊	♑	♑	♐
2	♑	♊	♑	♑	♐
3	♑	♋	♑	♑	♐
4	♑	♋	♑	♑	♐
5	♑	♌	♑	♒	♐
6	♑	♌	♑	♒	♐
7	♑	♌	♑	♒	♐
8	♑	♍	♑	♒	♐
9	♑	♍	♑	♒	♐
10	♑	♎	♑	♒	♐
11	♑	♎	♑	♒	♐
12	♑	♎	♑	♒	♐
13	♑	♏	♑	♒	♐
14	♑	♏	♑	♒	♐
15	♑	♐	♑	♒	♐
16	♑	♐	♒	♒	♐
17	♑	♐	♒	♒	♑
18	♑	♑	♒	♒	♑
19	♑	♑	♒	♒	♑
20	♑	♒	♒	♒	♑
21	♒	♒	♒	♒	♑
22	♒	♓	♒	♒	♑
23	♒	♓	♒	♒	♑
24	♒	♈	♒	♒	♑
25	♒	♈	♒	♒	♑
26	♒	♉	♒	♒	♑
27	♒	♉	♒	♒	♑
28	♒	♊	♒	♒	♑
29	♒	♊	♒	♓	♑
30	♒	♋	♒	♓	♑
31	♒	♋	♒	♓	♑

Februar	Sonne ☉	Mond ☾	Merkur ☿	Venus ♀	Mars ♂
1	♒	♋	♒	♓	♑
2	♒	♌	♒	♓	♑
3	♒	♌	♓	♓	♑
4	♒	♍	♓	♓	♑
5	♒	♍	♓	♓	♑
6	♒	♍	♓	♓	♑
7	♒	♎	♓	♓	♑
8	♒	♎	♓	♓	♑
9	♒	♏	♓	♓	♑
10	♒	♏	♓	♓	♑
11	♒	♏	♓	♓	♑
12	♒	♐	♓	♓	♑
13	♒	♐	♓	♓	♑
14	♒	♑	♓	♓	♑
15	♒	♑	♓	♓	♑
16	♒	♒	♓	♓	♑
17	♒	♒	♓	♓	♑
18	♒	♓	♓	♓	♑
19	♒	♓	♓	♓	♑
20	♓	♈	♓	♓	♑
21	♓	♈	♓	♓	♑
22	♓	♉	♓	♈	♑
23	♓	♉	♓	♈	♑
24	♓	♊	♓	♈	♑
25	♓	♊	♓	♈	♑
26	♓	♊	♓	♈	♑
27	♓	♋	♓	♈	♒
28	♓	♋	♒	♈	♒

März	Sonne ☉	Mond ☾	Merkur ☿	Venus ♀	Mars ♂
1	♓	♌	♒	♈	♒
2	♓	♌	♒	♈	♒
3	♓	♍	♒	♈	♒
4	♓	♍	♒	♈	♒
5	♓	♍	♒	♈	♒
6	♓	♎	♒	♈	♒
7	♓	♎	♒	♈	♒
8	♓	♏	♒	♈	♒
9	♓	♏	♒	♈	♒
10	♓	♏	♒	♈	♒
11	♓	♐	♒	♈	♒
12	♓	♐	♒	♈	♒
13	♓	♑	♒	♈	♒
14	♓	♑	♒	♈	♒
15	♓	♑	♒	♈	♒
16	♓	♒	♒	♈	♒
17	♓	♒	♒	♈	♒
18	♓	♓	♒	♉	♒
19	♓	♓	♓	♉	♒
20	♓	♈	♓	♉	♒
21	♈	♈	♓	♉	♒
22	♈	♉	♓	♉	♒
23	♈	♉	♓	♉	♒
24	♈	♊	♓	♉	♒
25	♈	♊	♓	♉	♒
26	♈	♋	♓	♉	♒
27	♈	♋	♓	♉	♒
28	♈	♌	♓	♉	♒
29	♈	♌	♓	♉	♒
30	♈	♌	♓	♉	♒
31	♈	♍	♓	♉	♒

April	Sonne ☉	Mond ☾	Merkur ☿	Venus ♀	Mars ♂
1	♈	♍	♓	♉	♒
2	♈	♎	♓	♉	♒
3	♈	♎	♓	♉	♒
4	♈	♎	♓	♉	♒
5	♈	♏	♓	♉	♒
6	♈	♏	♓	♉	♒
7	♈	♐	♓	♉	♓
8	♈	♐	♓	♉	♓
9	♈	♐	♓	♉	♓
10	♈	♑	♓	♉	♓
11	♈	♑	♈	♉	♓
12	♈	♒	♈	♉	♓
13	♈	♒	♈	♊	♓
14	♈	♓	♈	♊	♓
15	♈	♓	♈	♊	♓
16	♈	♈	♈	♊	♓
17	♈	♈	♈	♊	♓
18	♈	♉	♈	♊	♓
19	♈	♉	♈	♊	♓
20	♈	♊	♈	♊	♓
21	♈	♊	♈	♊	♓
22	♉	♋	♈	♊	♓
23	♉	♋	♈	♊	♓
24	♉	♌	♈	♊	♓
25	♉	♌	♈	♊	♓
26	♉	♌	♈	♊	♓
27	♉	♍	♈	♊	♓
28	♉	♍	♈	♊	♓
29	♉	♎	♉	♊	♓
30	♉	♎	♉	♊	♓

Mai	Sonne ☉	Mond ☾	Merkur ☿	Venus ♀	Mars ♂
1	♉	♎	♉	♊	♓
2	♉	♏	♉	♊	♓
3	♉	♏	♉	♊	♓
4	♉	♐	♉	♊	♓
5	♉	♐	♉	♊	♓
6	♉	♐	♉	♊	♓
7	♉	♑	♉	♊	♓
8	♉	♑	♉	♊	♓
9	♉	♒	♉	♋	♓
10	♉	♒	♉	♋	♓
11	♉	♓	♉	♋	♓
12	♉	♓	♊	♋	♓
13	♉	♓	♊	♋	♓
14	♉	♈	♊	♋	♓
15	♉	♈	♊	♋	♓
16	♉	♉	♊	♋	♈
17	♉	♉	♊	♋	♈
18	♉	♊	♊	♋	♈
19	♉	♊	♊	♋	♈
20	♉	♋	♊	♋	♈
21	♊	♋	♊	♋	♈
22	♊	♌	♊	♋	♈
23	♊	♌	♊	♋	♈
24	♊	♍	♊	♋	♈
25	♊	♍	♊	♋	♈
26	♊	♍	♊	♋	♈
27	♊	♎	♊	♋	♈
28	♊	♎	♊	♋	♈
29	♊	♏	♊	♋	♈
30	♊	♏	♋	♋	♈
31	♊	♏	♋	♋	♈

Juni	Sonne ☉	Mond ☾	Merkur ☿	Venus ♀	Mars ♂
1	♊	♐	♋	♋	♈
2	♊	♐	♋	♋	♈
3	♊	♑	♋	♋	♈
4	♊	♑	♋	♋	♈
5	♊	♒	♋	♋	♈
6	♊	♒	♋	♌	♈
7	♊	♒	♋	♌	♈
8	♊	♓	♋	♌	♈
9	♊	♓	♋	♌	♈
10	♊	♈	♋	♌	♈
11	♊	♈	♋	♌	♈
12	♊	♉	♋	♌	♈
13	♊	♉	♋	♌	♈
14	♊	♊	♋	♌	♈
15	♊	♊	♋	♌	♈
16	♊	♋	♋	♌	♈
17	♊	♋	♋	♌	♈
18	♊	♌	♋	♌	♈
19	♊	♌	♋	♌	♈
20	♊	♌	♋	♌	♈
21	♊	♍	♋	♌	♈
22	♋	♍	♋	♌	♈
23	♋	♎	♋	♌	♈
24	♋	♎	♋	♌	♈
25	♋	♎	♋	♌	♉
26	♋	♏	♋	♌	♉
27	♋	♏	♋	♌	♉
28	♋	♐	♋	♌	♉
29	♋	♐	♋	♌	♉
30	♋	♑	♋	♌	♉

Juli	Sonne ☉	Mond ☾	Merkur ☿	Venus ♀	Mars ♂
1	♋	♑	♋	♌	♉
2	♋	♑	♋	♌	♉
3	♋	♒	♋	♌	♉
4	♋	♒	♋	♌	♉
5	♋	♓	♋	♌	♉
6	♋	♓	♋	♌	♉
7	♋	♈	♋	♌	♉
8	♋	♈	♋	♌	♉
9	♋	♉	♋	♌	♉
10	♋	♉	♋	♌	♉
11	♋	♊	♋	♌	♉
12	♋	♊	♋	♌	♉
13	♋	♋	♋	♌	♉
14	♋	♋	♋	♌	♉
15	♋	♋	♋	♍	♉
16	♋	♌	♋	♍	♉
17	♋	♌	♋	♍	♉
18	♋	♍	♋	♍	♉
19	♋	♍	♋	♍	♉
20	♋	♎	♋	♍	♉
21	♋	♎	♋	♍	♉
22	♋	♎	♋	♍	♉
23	♌	♏	♋	♍	♉
24	♌	♏	♋	♍	♉
25	♌	♐	♋	♍	♉
26	♌	♐	♋	♍	♉
27	♌	♐	♋	♍	♉
28	♌	♑	♋	♍	♉
29	♌	♑	♋	♍	♉
30	♌	♒	♋	♍	♉
31	♌	♒	♋	♍	♉

August	Sonne ☉	Mond ☾	Merkur ☿	Venus ♀	Mars ♂
1	♌	♓	♋	♍	♉
2	♌	♓	♋	♍	♉
3	♌	♈	♋	♍	♉
4	♌	♈	♋	♍	♉
5	♌	♉	♋	♍	♉
6	♌	♉	♌	♍	♉
7	♌	♉	♌	♍	♉
8	♌	♊	♌	♍	♉
9	♌	♊	♌	♍	♊
10	♌	♋	♌	♌	♊
11	♌	♋	♌	♌	♊
12	♌	♋	♍	♌	♊
13	♌	♌	♍	♌	♊
14	♌	♌	♍	♌	♊
15	♌	♍	♍	♌	♊
16	♌	♍	♍	♌	♊
17	♌	♍	♍	♌	♊
18	♌	♎	♍	♌	♊
19	♌	♎	♍	♌	♊
20	♌	♏	♍	♌	♊
21	♌	♏	♍	♌	♊
22	♌	♏	♍	♌	♊
23	♌	♐	♍	♌	♊
24	♍	♐	♍	♌	♊
25	♍	♑	♍	♌	♊
26	♍	♑	♍	♌	♊
27	♍	♒	♍	♌	♊
28	♍	♒	♍	♌	♊
29	♍	♓	♍	♌	♊
30	♍	♓	♍	♌	♊
31	♍	♈	♍	♌	♊

September	Sonne ☉	Mond ☾	Merkur ☿	Venus ♀	Mars ♂
1	♍	♈	♍	♌	♊
2	♍	♉	♍	♌	♊
3	♍	♉	♍	♌	♊
4	♍	♊	♍	♌	♊
5	♍	♊	♍	♌	♊
6	♍	♋	♎	♌	♊
7	♍	♋	♎	♌	♊
8	♍	♌	♎	♌	♊
9	♍	♌	♎	♌	♊
10	♍	♌	♎	♌	♊
11	♍	♍	♎	♌	♊
12	♍	♍	♎	♌	♊
13	♍	♎	♎	♌	♊
14	♍	♎	♎	♌	♊
15	♍	♏	♎	♌	♊
16	♍	♏	♎	♌	♊
17	♍	♏	♎	♌	♊
18	♍	♐	♎	♌	♊
19	♍	♐	♎	♌	♊
20	♍	♑	♎	♌	♊
21	♍	♑	♎	♌	♊
22	♍	♑	♎	♌	♊
23	♍	♒	♎	♌	♊
24	♎	♒	♎	♌	♊
25	♎	♓	♎	♌	♊
26	♎	♓	♎	♌	♊
27	♎	♈	♎	♌	♊
28	♎	♈	♏	♌	♊
29	♎	♉	♏	♌	♋
30	♎	♉	♏	♌	♋

Oktober	Sonne ☉	Mond ☾	Merkur ☿	Venus ♀	Mars ♂
1	♎	♊	♏	♌	♋
2	♎	♊	♏	♌	♋
3	♎	♋	♏	♌	♋
4	♎	♋	♏	♌	♋
5	♎	♌	♏	♌	♋
6	♎	♌	♏	♌	♋
7	♎	♌	♏	♌	♋
8	♎	♍	♏	♌	♋
9	♎	♍	♏	♌	♋
10	♎	♎	♏	♍	♋
11	♎	♎	♏	♍	♋
12	♎	♎	♏	♍	♋
13	♎	♏	♏	♍	♋
14	♎	♏	♏	♍	♋
15	♎	♐	♏	♍	♋
16	♎	♐	♏	♍	♋
17	♎	♐	♏	♍	♋
18	♎	♑	♏	♍	♋
19	♎	♑	♏	♍	♋
20	♎	♒	♏	♍	♋
21	♎	♒	♏	♍	♋
22	♎	♓	♏	♍	♋
23	♎	♓	♏	♍	♋
24	♏	♓	♏	♍	♋
25	♏	♈	♎	♍	♋
26	♏	♈	♎	♍	♋
27	♏	♉	♎	♍	♋
28	♏	♉	♎	♍	♋
29	♏	♊	♎	♍	♋
30	♏	♊	♎	♍	♋
31	♏	♋	♎	♍	♋

November	Sonne ☉	Mond ☾	Merkur ☿	Venus ♀	Mars ♂
1	♏	♋	♎	♍	♋
2	♏	♌	♎	♍	♋
3	♏	♌	♎	♍	♋
4	♏	♍	♎	♍	♋
5	♏	♍	♎	♍	♋
6	♏	♎	♎	♍	♋
7	♏	♎	♎	♍	♋
8	♏	♎	♎	♍	♋
9	♏	♏	♎	♎	♋
10	♏	♏	♎	♎	♋
11	♏	♏	♎	♎	♋
12	♏	♐	♏	♎	♋
13	♏	♐	♏	♎	♋
14	♏	♑	♏	♎	♋
15	♏	♑	♏	♎	♋
16	♏	♒	♏	♎	♋
17	♏	♒	♏	♎	♋
18	♏	♒	♏	♎	♋
19	♏	♓	♏	♎	♋
20	♏	♓	♏	♎	♋
21	♏	♈	♏	♎	♋
22	♏	♈	♏	♎	♋
23	♐	♉	♏	♎	♋
24	♐	♉	♏	♎	♋
25	♐	♊	♏	♎	♋
26	♐	♊	♏	♎	♋
27	♐	♋	♏	♎	♋
28	♐	♋	♏	♎	♋
29	♐	♌	♏	♎	♋
30	♐	♌	♏	♎	♋

Dezember	Sonne ☉	Mond ☾	Merkur ☿	Venus ♀	Mars ♂
1	♐	♍	♏	♎	♋
2	♐	♍	♐	♎	♋
3	♐	♍	♐	♎	♋
4	♐	♎	♐	♎	♋
5	♐	♎	♐	♎	♋
6	♐	♏	♐	♏	♋
7	♐	♏	♐	♏	♋
8	♐	♏	♐	♏	♋
9	♐	♐	♐	♏	♋
10	♐	♐	♐	♏	♋
11	♐	♑	♐	♏	♋
12	♐	♑	♐	♏	♋
13	♐	♑	♐	♏	♋
14	♐	♒	♐	♏	♋
15	♐	♒	♐	♏	♋
16	♐	♓	♐	♏	♋
17	♐	♓	♐	♏	♋
18	♐	♈	♐	♏	♋
19	♐	♈	♐	♏	♋
20	♐	♉	♐	♏	♋
21	♐	♉	♐	♏	♋
22	♐	♊	♑	♏	♋
23	♑	♊	♑	♏	♋
24	♑	♋	♑	♏	♋
25	♑	♋	♑	♏	♋
26	♑	♌	♑	♏	♋
27	♑	♌	♑	♏	♋
28	♑	♌	♑	♏	♋
29	♑	♍	♑	♏	♋
30	♑	♍	♑	♏	♋
31	♑	♎	♑	♐	♋

Januar	Sonne ☉	Mond ☾	Merkur ☿	Venus ♀	Mars ♂
1	♑	♎	♑	♐	♊
2	♑	♎	♑	♐	♊
3	♑	♏	♑	♐	♊
4	♑	♏	♑	♐	♊
5	♑	♐	♑	♐	♊
6	♑	♐	♑	♐	♊
7	♑	♐	♑	♐	♊
8	♑	♑	♑	♐	♊
9	♑	♑	♒	♐	♊
10	♑	♒	♒	♐	♊
11	♑	♒	♒	♐	♊
12	♑	♓	♒	♐	♊
13	♑	♓	♒	♐	♊
14	♑	♓	♒	♐	♊
15	♑	♈	♒	♐	♊
16	♑	♈	♒	♐	♊
17	♑	♉	♒	♐	♊
18	♑	♉	♒	♐	♊
19	♑	♊	♒	♐	♊
20	♑	♊	♒	♐	♊
21	♒	♋	♒	♐	♊
22	♒	♋	♒	♐	♊
23	♒	♌	♒	♐	♊
24	♒	♌	♒	♐	♊
25	♒	♍	♒	♑	♊
26	♒	♍	♒	♑	♊
27	♒	♎	♒	♑	♊
28	♒	♎	♒	♑	♊
29	♒	♎	♒	♑	♊
30	♒	♏	♒	♑	♊
31	♒	♏	♒	♑	♊

Februar	Sonne ☉	Mond ☾	Merkur ☿	Venus ♀	Mars ♂
1	♒	♐	♒	♑	♊
2	♒	♐	♒	♑	♊
3	♒	♐	♒	♑	♊
4	♒	♑	♒	♑	♊
5	♒	♑	♒	♑	♊
6	♒	♒	♒	♑	♊
7	♒	♒	♒	♑	♊
8	♒	♒	♒	♑	♊
9	♒	♓	♒	♑	♊
10	♒	♓	♒	♑	♊
11	♒	♈	♒	♑	♊
12	♒	♈	♒	♑	♊
13	♒	♉	♒	♑	♊
14	♒	♉	♒	♑	♊
15	♒	♊	♒	♑	♊
16	♒	♊	♒	♑	♊
17	♒	♋	♒	♑	♊
18	♒	♋	♒	♒	♊
19	♒	♌	♒	♒	♊
20	♓	♌	♒	♒	♊
21	♓	♌	♒	♒	♊
22	♓	♍	♒	♒	♊
23	♓	♍	♒	♒	♊
24	♓	♎	♒	♒	♊
25	♓	♎	♒	♒	♊
26	♓	♏	♒	♒	♊
27	♓	♏	♒	♒	♊
28	♓	♏	♒	♒	♊
29	♓	♐	♒	♒	♊

März	Sonne ☉	Mond ☾	Merkur ☿	Venus ♀	Mars ♂
1	♓	♐	♒	♒	♊
2	♓	♑	♒	♒	♊
3	♓	♑	♒	♒	♊
4	♓	♑	♒	♒	♊
5	♓	♒	♒	♒	♋
6	♓	♒	♒	♒	♋
7	♓	♓	♒	♒	♋
8	♓	♓	♒	♒	♋
9	♓	♈	♒	♒	♋
10	♓	♈	♒	♒	♋
11	♓	♉	♒	♒	♋
12	♓	♉	♒	♒	♋
13	♓	♊	♒	♓	♋
14	♓	♊	♒	♓	♋
15	♓	♋	♓	♓	♋
16	♓	♋	♓	♓	♋
17	♓	♋	♓	♓	♋
18	♓	♌	♓	♓	♋
19	♓	♌	♓	♓	♋
20	♓	♍	♓	♓	♋
21	♈	♍	♓	♓	♋
22	♈	♎	♓	♓	♋
23	♈	♎	♓	♓	♋
24	♈	♎	♓	♓	♋
25	♈	♏	♓	♓	♋
26	♈	♏	♓	♓	♋
27	♈	♐	♓	♓	♋
28	♈	♐	♓	♓	♋
29	♈	♐	♓	♓	♋
30	♈	♑	♓	♓	♋
31	♈	♑	♓	♓	♋

April	Sonne ☉	Mond ☾	Merkur ☿	Venus ♀	Mars ♂
1	♈	♒	♓	♓	♋
2	♈	♒	♓	♓	♋
3	♈	♒	♈	♓	♋
4	♈	♓	♈	♓	♋
5	♈	♓	♈	♓	♋
6	♈	♓	♈	♓	♋
7	♈	♈	♈	♈	♋
8	♈	♈	♈	♈	♋
9	♈	♉	♈	♈	♋
10	♈	♉	♈	♈	♋
11	♈	♊	♈	♈	♋
12	♈	♊	♈	♈	♋
13	♈	♋	♈	♈	♋
14	♈	♋	♈	♈	♋
15	♈	♌	♈	♈	♋
16	♈	♌	♈	♈	♋
17	♈	♍	♈	♈	♋
18	♈	♍	♉	♈	♋
19	♈	♎	♉	♈	♋
20	♈	♎	♉	♈	♋
21	♈	♏	♉	♈	♋
22	♉	♏	♉	♈	♋
23	♉	♐	♉	♈	♋
24	♉	♐	♉	♈	♋
25	♉	♐	♉	♈	♋
26	♉	♑	♉	♈	♋
27	♉	♑	♉	♈	♋
28	♉	♒	♉	♈	♋
29	♉	♒	♉	♈	♋
30	♉	♒	♉	♈	♋

Mai	Sonne ☉	Mond ☾	Merkur ☿	Venus ♀	Mars ♂
1	♉	♓	♉	♉	♋
2	♉	♓	♉	♉	♋
3	♉	♈	♊	♉	♋
4	♉	♈	♊	♉	♋
5	♉	♉	♊	♉	♋
6	♉	♉	♊	♉	♋
7	♉	♊	♊	♉	♋
8	♉	♊	♊	♉	♋
9	♉	♋	♊	♉	♋
10	♉	♋	♊	♉	♌
11	♉	♌	♊	♉	♌
12	♉	♌	♊	♉	♌
13	♉	♍	♊	♉	♌
14	♉	♍	♊	♉	♌
15	♉	♍	♊	♉	♌
16	♉	♎	♊	♉	♌
17	♉	♎	♊	♉	♌
18	♉	♏	♊	♉	♌
19	♉	♏	♊	♉	♌
20	♉	♏	♊	♉	♌
21	♊	♐	♊	♉	♌
22	♊	♐	♊	♉	♌
23	♊	♑	♊	♉	♌
24	♊	♑	♊	♉	♌
25	♊	♑	♊	♊	♌
26	♊	♒	♊	♊	♌
27	♊	♒	♊	♊	♌
28	♊	♓	♊	♊	♌
29	♊	♓	♊	♊	♌
30	♊	♈	♊	♊	♌
31	♊	♈	♊	♊	♌

Juni	Sonne ☉	Mond ☾	Merkur ☿	Venus ♀	Mars ♂
1	♊	♉	♊	♊	♌
2	♊	♉	♊	♊	♌
3	♊	♊	♊	♊	♌
4	♊	♊	♊	♊	♌
5	♊	♋	♊	♊	♌
6	♊	♋	♊	♊	♌
7	♊	♌	♊	♊	♌
8	♊	♌	♊	♊	♌
9	♊	♌	♊	♊	♌
10	♊	♍	♊	♊	♌
11	♊	♍	♊	♊	♌
12	♊	♎	♊	♊	♌
13	♊	♎	♊	♊	♌
14	♊	♏	♊	♊	♌
15	♊	♏	♊	♊	♌
16	♊	♏	♊	♊	♌
17	♊	♐	♊	♊	♌
18	♊	♐	♊	♊	♌
19	♊	♑	♊	♊	♌
20	♊	♑	♊	♋	♌
21	♊	♑	♊	♋	♌
22	♋	♒	♊	♋	♌
23	♋	♒	♊	♋	♌
24	♋	♓	♊	♋	♌
25	♋	♓	♊	♋	♌
26	♋	♈	♊	♋	♌
27	♋	♈	♊	♋	♌
28	♋	♉	♊	♋	♌
29	♋	♉	♊	♋	♌
30	♋	♉	♊	♋	♌

Juli	Sonne ☉	Mond ☾	Merkur ☿	Venus ♀	Mars ♂
1	♋	♊	♊	♋	♌
2	♋	♊	♊	♋	♍
3	♋	♋	♊	♋	♍
4	♋	♋	♊	♋	♍
5	♋	♌	♊	♋	♍
6	♋	♌	♊	♋	♍
7	♋	♍	♊	♋	♍
8	♋	♍	♊	♋	♍
9	♋	♎	♊	♋	♍
10	♋	♎	♊	♋	♍
11	♋	♎	♋	♋	♍
12	♋	♏	♋	♋	♍
13	♋	♏	♋	♌	♍
14	♋	♐	♋	♌	♍
15	♋	♐	♋	♌	♍
16	♋	♐	♋	♌	♍
17	♋	♑	♋	♌	♍
18	♋	♑	♋	♌	♍
19	♋	♒	♋	♌	♍
20	♋	♒	♋	♌	♍
21	♋	♒	♋	♌	♍
22	♋	♓	♋	♌	♍
23	♌	♓	♋	♌	♍
24	♌	♈	♋	♌	♍
25	♌	♈	♋	♌	♍
26	♌	♉	♋	♌	♍
27	♌	♉	♌	♌	♍
28	♌	♊	♌	♌	♍
29	♌	♊	♌	♌	♍
30	♌	♋	♌	♌	♍
31	♌	♋	♌	♌	♍

August	Sonne ☉	Mond ☾	Merkur ☿	Venus ♀	Mars ♂
1	♌	♌	♌	♌	♍
2	♌	♌	♌	♌	♍
3	♌	♍	♌	♌	♍
4	♌	♍	♌	♌	♍
5	♌	♍	♌	♌	♍
6	♌	♎	♌	♌	♍
7	♌	♎	♌	♍	♍
8	♌	♏	♌	♍	♍
9	♌	♏	♌	♍	♍
10	♌	♐	♌	♍	♍
11	♌	♐	♍	♍	♍
12	♌	♐	♍	♍	♍
13	♌	♑	♍	♍	♍
14	♌	♑	♍	♍	♍
15	♌	♒	♍	♍	♍
16	♌	♒	♍	♍	♍
17	♌	♒	♍	♍	♍
18	♌	♓	♍	♍	♍
19	♌	♓	♍	♍	♍
20	♌	♈	♍	♍	♎
21	♌	♈	♍	♍	♎
22	♌	♉	♍	♍	♎
23	♌	♉	♍	♍	♎
24	♍	♊	♍	♍	♎
25	♍	♊	♍	♍	♎
26	♍	♊	♍	♍	♎
27	♍	♋	♍	♍	♎
28	♍	♋	♍	♍	♎
29	♍	♌	♍	♍	♎
30	♍	♌	♎	♍	♎
31	♍	♍	♎	♎	♎

September	Sonne ☉	Mond ☾	Merkur ☿	Venus ♀	Mars ♂
1	♍	♍	♎	♎	♎
2	♍	♎	♎	♎	♎
3	♍	♎	♎	♎	♎
4	♍	♏	♎	♎	♎
5	♍	♏	♎	♎	♎
6	♍	♏	♎	♎	♎
7	♍	♐	♎	♎	♎
8	♍	♐	♎	♎	♎
9	♍	♑	♎	♎	♎
10	♍	♑	♎	♎	♎
11	♍	♑	♎	♎	♎
12	♍	♒	♎	♎	♎
13	♍	♒	♎	♎	♎
14	♍	♓	♎	♎	♎
15	♍	♓	♎	♎	♎
16	♍	♈	♎	♎	♎
17	♍	♈	♎	♎	♎
18	♍	♈	♎	♎	♎
19	♍	♉	♎	♎	♎
20	♍	♉	♎	♎	♎
21	♍	♊	♎	♎	♎
22	♍	♊	♎	♎	♎
23	♍	♋	♎	♎	♎
24	♎	♋	♎	♎	♎
25	♎	♌	♎	♏	♎
26	♎	♌	♎	♏	♎
27	♎	♍	♎	♏	♎
28	♎	♍	♎	♏	♎
29	♎	♎	♎	♏	♎
30	♎	♎	♎	♏	♎

Oktober	Sonne ☉	Mond ☾	Merkur ☿	Venus ♀	Mars ♂
1	♎	♎	♎	♏	♎
2	♎	♏	♎	♏	♎
3	♎	♏	♎	♏	♎
4	♎	♐	♎	♏	♎
5	♎	♐	♎	♏	♏
6	♎	♐	♎	♏	♏
7	♎	♑	♎	♏	♏
8	♎	♑	♎	♏	♏
9	♎	♒	♎	♏	♏
10	♎	♒	♎	♏	♏
11	♎	♒	♎	♏	♏
12	♎	♓	♎	♏	♏
13	♎	♓	♎	♏	♏
14	♎	♈	♎	♏	♏
15	♎	♈	♎	♏	♏
16	♎	♉	♎	♏	♏
17	♎	♉	♎	♏	♏
18	♎	♊	♎	♏	♏
19	♎	♊	♎	♐	♏
20	♎	♋	♎	♐	♏
21	♎	♋	♎	♐	♏
22	♎	♌	♎	♐	♏
23	♎	♌	♎	♐	♏
24	♏	♍	♎	♐	♏
25	♏	♍	♎	♐	♏
26	♏	♍	♎	♐	♏
27	♏	♎	♎	♐	♏
28	♏	♎	♎	♐	♏
29	♏	♏	♎	♐	♏
30	♏	♏	♎	♐	♏
31	♏	♐	♎	♐	♏

November	Sonne ☉	Mond ☾	Merkur ☿	Venus ♀	Mars ♂
1	♏	♐	♎	♐	♏
2	♏	♐	♎	♐	♏
3	♏	♑	♎	♐	♏
4	♏	♑	♎	♐	♏
5	♏	♑	♏	♐	♏
6	♏	♒	♏	♐	♏
7	♏	♒	♏	♐	♏
8	♏	♓	♏	♐	♏
9	♏	♓	♏	♐	♏
10	♏	♈	♏	♐	♏
11	♏	♈	♏	♐	♏
12	♏	♉	♏	♐	♏
13	♏	♉	♏	♑	♏
14	♏	♊	♏	♑	♏
15	♏	♊	♏	♑	♏
16	♏	♋	♏	♑	♏
17	♏	♋	♏	♑	♐
18	♏	♌	♏	♑	♐
19	♏	♌	♏	♑	♐
20	♏	♌	♏	♑	♐
21	♏	♍	♏	♑	♐
22	♏	♍	♏	♑	♐
23	♐	♎	♏	♑	♐
24	♐	♎	♐	♑	♐
25	♐	♏	♐	♑	♐
26	♐	♏	♐	♑	♐
27	♐	♏	♐	♑	♐
28	♐	♐	♐	♑	♐
29	♐	♐	♐	♑	♐
30	♐	♑	♐	♑	♐

Dezember	Sonne ☉	Mond ☾	Merkur ☿	Venus ♀	Mars ♂
1	♐	♑	♐	♑	♐
2	♐	♑	♐	♑	♐
3	♐	♒	♐	♑	♐
4	♐	♒	♐	♑	♐
5	♐	♓	♐	♑	♐
6	♐	♓	♐	♑	♐
7	♐	♈	♐	♑	♐
8	♐	♈	♐	♒	♐
9	♐	♈	♐	♒	♐
10	♐	♉	♐	♒	♐
11	♐	♉	♐	♒	♐
12	♐	♊	♐	♒	♐
13	♐	♊	♑	♒	♑
14	♐	♋	♑	♒	♑
15	♐	♋	♑	♒	♑
16	♐	♌	♑	♒	♑
17	♐	♌	♑	♒	♑
18	♐	♍	♑	♒	♑
19	♐	♍	♑	♒	♑
20	♐	♎	♑	♒	♑
21	♐	♎	♑	♒	♑
22	♑	♏	♑	♒	♑
23	♑	♏	♑	♒	♑
24	♑	♏	♑	♒	♑
25	♑	♐	♑	♒	♑
26	♑	♐	♑	♒	♑
27	♑	♑	♑	♒	♑
28	♑	♑	♑	♒	♑
29	♑	♑	♑	♒	♑
30	♑	♒	♑	♒	♑
31	♑	♒	♑	♒	♑

Januar	Sonne ☉	Mond ☾	Merkur ☿	Venus ♀	Mars ♂
1	♑	♒	♑	♒	♑
2	♑	♓	♒	♒	♑
3	♑	♓	♒	♒	♑
4	♑	♈	♒	♓	♑
5	♑	♈	♒	♓	♑
6	♑	♉	♒	♓	♑
7	♑	♉	♒	♓	♑
8	♑	♊	♒	♓	♑
9	♑	♊	♒	♓	♑
10	♑	♋	♒	♓	♑
11	♑	♋	♒	♓	♑
12	♑	♌	♒	♓	♑
13	♑	♌	♒	♓	♑
14	♑	♍	♒	♓	♑
15	♑	♍	♒	♓	♑
16	♑	♎	♒	♓	♑
17	♑	♎	♒	♓	♑
18	♑	♎	♒	♓	♑
19	♑	♏	♒	♓	♑
20	♑	♏	♒	♓	♑
21	♒	♐	♒	♓	♑
22	♒	♐	♑	♓	♑
23	♒	♐	♑	♓	♑
24	♒	♑	♑	♓	♑
25	♒	♑	♑	♓	♑
26	♒	♒	♑	♓	♑
27	♒	♒	♑	♓	♑
28	♒	♒	♑	♓	♑
29	♒	♓	♑	♓	♑
30	♒	♓	♑	♓	♑
31	♒	♈	♑	♓	♑

Februar	Sonne ☉	Mond ☾	Merkur ☿	Venus ♀	Mars ♂
1	♒	♈	♑	♓	♑
2	♒	♉	♑	♓	♑
3	♒	♉	♑	♓	♑
4	♒	♉	♑	♈	♑
5	♒	♊	♑	♈	♒
6	♒	♊	♑	♈	♒
7	♒	♋	♑	♈	♒
8	♒	♋	♑	♈	♒
9	♒	♌	♑	♈	♒
10	♒	♌	♑	♈	♒
11	♒	♍	♑	♈	♒
12	♒	♍	♑	♈	♒
13	♒	♎	♑	♈	♒
14	♒	♎	♑	♈	♒
15	♒	♏	♒	♈	♒
16	♒	♏	♒	♈	♒
17	♒	♏	♒	♈	♒
18	♒	♐	♒	♈	♒
19	♒	♐	♒	♈	♒
20	♓	♑	♒	♈	♒
21	♓	♑	♒	♈	♒
22	♓	♑	♒	♈	♒
23	♓	♒	♒	♈	♒
24	♓	♒	♒	♈	♒
25	♓	♓	♒	♈	♒
26	♓	♓	♒	♈	♒
27	♓	♈	♒	♈	♒
28	♓	♈	♒	♈	♒

März	Sonne ☉	Mond ☾	Merkur ☿	Venus ♀	Mars ♂
1	♓	♈	♒	♈	♒
2	♓	♉	♒	♈	♒
3	♓	♉	♒	♈	♒
4	♓	♊	♒	♈	♒
5	♓	♊	♒	♈	♒
6	♓	♋	♒	♈	♒
7	♓	♋	♒	♈	♒
8	♓	♌	♒	♈	♒
9	♓	♌	♓	♈	♒
10	♓	♍	♓	♈	♒
11	♓	♍	♓	♈	♒
12	♓	♎	♓	♈	♒
13	♓	♎	♓	♈	♒
14	♓	♎	♓	♈	♒
15	♓	♏	♓	♈	♒
16	♓	♏	♓	♈	♓
17	♓	♐	♓	♈	♓
18	♓	♐	♓	♈	♓
19	♓	♑	♓	♈	♓
20	♓	♑	♓	♈	♓
21	♈	♑	♓	♈	♓
22	♈	♒	♓	♈	♓
23	♈	♒	♓	♈	♓
24	♈	♒	♓	♈	♓
25	♈	♈	♓	♈	♓
26	♈	♈	♈	♈	♓
27	♈	♓	♈	♈	♓
28	♈	♓	♈	♈	♓
29	♈	♓	♈	♈	♓
30	♈	♉	♈	♈	♓
31	♈	♉	♈	♈	♓

April	Sonne ☉	Mond ☾	Merkur ☿	Venus ♀	Mars ♂
1	♈	♊	♈	♈	♓
2	♈	♋	♈	♈	♓
3	♈	♋	♈	♈	♓
4	♈	♌	♈	♈	♓
5	♈	♌	♈	♈	♓
6	♈	♍	♈	♈	♓
7	♈	♍	♈	♈	♓
8	♈	♍	♈	♈	♓
9	♈	♎	♈	♈	♓
10	♈	♎	♉	♈	♓
11	♈	♏	♉	♈	♓
12	♈	♏	♉	♓	♓
13	♈	♐	♉	♓	♓
14	♈	♐	♉	♓	♓
15	♈	♐	♉	♓	♓
16	♈	♑	♉	♓	♓
17	♈	♑	♉	♓	♓
18	♈	♒	♉	♓	♓
19	♈	♒	♉	♓	♓
20	♈	♒	♉	♓	♓
21	♈	♓	♉	♓	♓
22	♉	♓	♉	♓	♓
23	♉	♈	♉	♓	♈
24	♉	♈	♉	♓	♈
25	♉	♉	♉	♈	♈
26	♉	♉	♉	♈	♈
27	♉	♊	♉	♈	♈
28	♉	♊	♉	♈	♈
29	♉	♋	♉	♈	♈
30	♉	♋	♉	♈	♈

Mai	Sonne ☉	Mond ☾	Merkur ☿	Venus ♀	Mars ♂
1	♉	♋	♊	♈	♈
2	♉	♌	♊	♈	♈
3	♉	♌	♊	♈	♈
4	♉	♍	♊	♈	♈
5	♉	♍	♊	♈	♈
6	♉	♎	♊	♈	♈
7	♉	♎	♊	♈	♈
8	♉	♏	♊	♈	♈
9	♉	♏	♊	♈	♈
10	♉	♏	♊	♈	♈
11	♉	♐	♊	♈	♈
12	♉	♐	♊	♈	♈
13	♉	♑	♊	♈	♈
14	♉	♑	♊	♈	♈
15	♉	♑	♉	♈	♈
16	♉	♒	♉	♈	♈
17	♉	♒	♉	♈	♈
18	♉	♓	♉	♈	♈
19	♉	♓	♉	♈	♈
20	♉	♈	♉	♈	♈
21	♊	♈	♉	♈	♈
22	♊	♈	♉	♈	♈
23	♊	♉	♉	♈	♈
24	♊	♉	♉	♈	♈
25	♊	♊	♉	♈	♈
26	♊	♊	♉	♈	♈
27	♊	♋	♉	♈	♈
28	♊	♋	♉	♈	♈
29	♊	♌	♉	♈	♈
30	♊	♌	♉	♈	♈
31	♊	♍	♉	♈	♈

Juni	Sonne ☉	Mond ☾	Merkur ☿	Venus ♀	Mars ♂
1	♊	♍	♉	♈	♉
2	♊	♎	♉	♈	♉
3	♊	♎	♉	♈	♉
4	♊	♏	♉	♈	♉
5	♊	♏	♉	♈	♉
6	♊	♏	♉	♈	♉
7	♊	♐	♉	♉	♉
8	♊	♐	♉	♉	♉
9	♊	♑	♉	♉	♉
10	♊	♑	♉	♉	♉
11	♊	♑	♉	♉	♉
12	♊	♒	♉	♉	♉
13	♊	♒	♉	♉	♉
14	♊	♓	♉	♉	♉
15	♊	♓	♊	♉	♉
16	♊	♓	♊	♉	♉
17	♊	♈	♊	♉	♉
18	♊	♈	♊	♉	♉
19	♊	♉	♊	♉	♉
20	♊	♉	♊	♉	♉
21	♊	♊	♊	♉	♉
22	♋	♊	♊	♉	♉
23	♋	♋	♊	♉	♉
24	♋	♋	♊	♉	♉
25	♋	♌	♊	♉	♉
26	♋	♌	♊	♉	♉
27	♋	♍	♊	♉	♉
28	♋	♍	♊	♉	♉
29	♋	♎	♊	♉	♉
30	♋	♎	♊	♉	♉

Juli	Sonne ☉	Mond ☾	Merkur ☿	Venus ♀	Mars ♂
1	♋	♎	♊	♉	♉
2	♋	♏	♊	♉	♉
3	♋	♏	♊	♉	♉
4	♋	♏	♋	♉	♉
5	♋	♐	♋	♉	♉
6	♋	♐	♋	♊	♉
7	♋	♑	♋	♊	♉
8	♋	♑	♋	♊	♉
9	♋	♒	♋	♊	♉
10	♋	♒	♋	♊	♉
11	♋	♒	♋	♊	♉
12	♋	♓	♋	♊	♉
13	♋	♓	♋	♊	♊
14	♋	♈	♋	♊	♊
15	♋	♈	♋	♊	♊
16	♋	♉	♋	♊	♊
17	♋	♉	♋	♊	♊
18	♋	♉	♌	♊	♊
19	♋	♊	♌	♊	♊
20	♋	♊	♌	♊	♊
21	♋	♋	♌	♊	♊
22	♋	♋	♌	♊	♊
23	♌	♌	♌	♊	♊
24	♌	♌	♌	♊	♊
25	♌	♍	♌	♊	♊
26	♌	♍	♌	♊	♊
27	♌	♎	♌	♊	♊
28	♌	♎	♌	♊	♊
29	♌	♏	♌	♊	♊
30	♌	♏	♌	♊	♊
31	♌	♐	♌	♊	♊

August	Sonne ☉	Mond ☾	Merkur ☿	Venus ♀	Mars ♂
1	♌	♐	♌	♊	♊
2	♌	♐	♌	♋	♊
3	♌	♑	♍	♋	♊
4	♌	♑	♍	♋	♊
5	♌	♒	♍	♋	♊
6	♌	♒	♍	♋	♊
7	♌	♒	♍	♋	♊
8	♌	♓	♍	♋	♊
9	♌	♓	♍	♋	♊
10	♌	♈	♍	♋	♊
11	♌	♈	♍	♋	♊
12	♌	♈	♍	♋	♊
13	♌	♉	♍	♋	♊
14	♌	♉	♍	♋	♊
15	♌	♊	♍	♋	♊
16	♌	♊	♍	♋	♊
17	♌	♋	♍	♋	♊
18	♌	♋	♍	♋	♊
19	♌	♌	♍	♋	♊
20	♌	♌	♍	♋	♊
21	♌	♍	♍	♋	♊
22	♌	♍	♍	♋	♊
23	♌	♎	♍	♋	♊
24	♍	♎	♍	♋	♊
25	♍	♏	♍	♋	♊
26	♍	♏	♎	♋	♋
27	♍	♏	♎	♌	♋
28	♍	♐	♎	♌	♋
29	♍	♐	♎	♌	♋
30	♍	♑	♎	♌	♋
31	♍	♑	♎	♌	♋

September	Sonne ☉	Mond ☾	Merkur ☿	Venus ♀	Mars ♂
1	♍	♑	♎	♌	♋
2	♍	♒	♎	♌	♋
3	♍	♒	♎	♌	♋
4	♍	♓	♎	♌	♋
5	♍	♓	♎	♌	♋
6	♍	♓	♎	♌	♋
7	♍	♈	♎	♌	♋
8	♍	♈	♎	♌	♋
9	♍	♉	♎	♌	♋
10	♍	♉	♎	♌	♋
11	♍	♊	♎	♌	♋
12	♍	♊	♎	♌	♋
13	♍	♋	♎	♌	♋
14	♍	♋	♎	♌	♋
15	♍	♌	♎	♌	♋
16	♍	♌	♎	♌	♋
17	♍	♍	♎	♌	♋
18	♍	♍	♎	♌	♋
19	♍	♍	♎	♌	♋
20	♍	♎	♍	♌	♋
21	♍	♎	♍	♍	♋
22	♍	♏	♍	♍	♋
23	♍	♏	♍	♍	♋
24	♎	♏	♍	♍	♋
25	♎	♐	♍	♍	♋
26	♎	♐	♍	♍	♋
27	♎	♑	♍	♍	♋
28	♎	♑	♍	♍	♋
29	♎	♒	♍	♍	♋
30	♎	♒	♍	♍	♋

Oktober	Sonne ☉	Mond ☾	Merkur ☿	Venus ♀	Mars ♂
1	♎	♓	♍	♍	♋
2	♎	♓	♍	♍	♋
3	♎	♓	♍	♍	♋
4	♎	♈	♍	♍	♋
5	♎	♈	♍	♍	♋
6	♎	♉	♍	♍	♋
7	♎	♉	♍	♍	♋
8	♎	♊	♍	♍	♋
9	♎	♊	♍	♍	♋
10	♎	♊	♍	♍	♋
11	♎	♋	♎	♍	♋
12	♎	♋	♎	♍	♋
13	♎	♌	♎	♍	♋
14	♎	♌	♎	♍	♋
15	♎	♍	♎	♎	♋
16	♎	♍	♎	♎	♋
17	♎	♎	♎	♎	♌
18	♎	♎	♎	♎	♌
19	♎	♏	♎	♎	♌
20	♎	♏	♎	♎	♌
21	♎	♐	♎	♎	♌
22	♎	♐	♎	♎	♌
23	♎	♐	♎	♎	♌
24	♏	♑	♎	♎	♌
25	♏	♑	♎	♎	♌
26	♏	♒	♎	♎	♌
27	♏	♒	♎	♎	♌
28	♏	♒	♎	♎	♌
29	♏	♓	♏	♎	♌
30	♏	♓	♏	♎	♌
31	♏	♈	♏	♎	♌

November	Sonne ☉	Mond ☾	Merkur ☿	Venus ♀	Mars ♂
1	♏	♈	♏	♎	♌
2	♏	♈	♏	♎	♌
3	♏	♉	♏	♎	♌
4	♏	♉	♏	♎	♌
5	♏	♊	♏	♎	♌
6	♏	♊	♏	♎	♌
7	♏	♋	♏	♎	♌
8	♏	♋	♏	♎	♌
9	♏	♌	♏	♏	♌
10	♏	♌	♏	♏	♌
11	♏	♍	♏	♏	♌
12	♏	♍	♏	♏	♌
13	♏	♎	♏	♏	♌
14	♏	♎	♏	♏	♌
15	♏	♏	♏	♏	♌
16	♏	♏	♏	♏	♌
17	♏	♏	♐	♏	♌
18	♏	♐	♐	♏	♌
19	♏	♐	♐	♏	♌
20	♏	♑	♐	♏	♌
21	♏	♑	♐	♏	♌
22	♏	♑	♐	♏	♌
23	♐	♒	♐	♏	♌
24	♐	♒	♐	♏	♌
25	♐	♓	♐	♏	♌
26	♐	♓	♐	♏	♌
27	♐	♓	♐	♏	♌
28	♐	♈	♐	♏	♌
29	♐	♈	♐	♏	♌
30	♐	♉	♐	♏	♌

Dezember	Sonne ☉	Mond ☾	Merkur ☿	Venus ♀	Mars ♂
1	♐	♉	♐	♏	♌
2	♐	♊	♐	♐	♌
3	♐	♊	♐	♐	♌
4	♐	♋	♐	♐	♌
5	♐	♋	♐	♐	♌
6	♐	♌	♑	♐	♌
7	♐	♌	♑	♐	♌
8	♐	♌	♑	♐	♌
9	♐	♍	♑	♐	♌
10	♐	♍	♑	♐	♌
11	♐	♎	♑	♐	♌
12	♐	♎	♑	♐	♌
13	♐	♏	♑	♐	♌
14	♐	♏	♑	♐	♌
15	♐	♐	♑	♐	♌
16	♐	♐	♑	♐	♌
17	♐	♑	♑	♐	♌
18	♐	♑	♑	♐	♌
19	♐	♑	♑	♐	♌
20	♐	♒	♑	♐	♌
21	♐	♒	♑	♐	♌
22	♑	♓	♑	♐	♌
23	♑	♓	♑	♐	♌
24	♑	♈	♑	♐	♌
25	♑	♈	♑	♐	♌
26	♑	♈	♑	♑	♌
27	♑	♉	♑	♑	♌
28	♑	♉	♑	♑	♌
29	♑	♉	♑	♑	♌
30	♑	♊	♑	♑	♌
31	♑	♊	♑	♑	♌

Januar	Sonne ☉	Mond ☾	Merkur ☿	Venus ♀	Mars ♂
1	♑	♋	♑	♑	♌
2	♑	♋	♑	♑	♌
3	♑	♌	♑	♑	♌
4	♑	♌	♑	♑	♌
5	♑	♍	♑	♑	♌
6	♑	♍	♑	♑	♌
7	♑	♎	♑	♑	♌
8	♑	♎	♑	♑	♌
9	♑	♏	♑	♑	♌
10	♑	♏	♑	♑	♌
11	♑	♐	♑	♑	♌
12	♑	♐	♑	♑	♌
13	♑	♐	♑	♑	♌
14	♑	♑	♑	♑	♌
15	♑	♑	♑	♑	♌
16	♑	♒	♑	♑	♌
17	♑	♒	♑	♑	♌
18	♑	♒	♑	♑	♌
19	♑	♓	♑	♒	♌
20	♑	♓	♑	♒	♌
21	♒	♈	♑	♒	♌
22	♒	♈	♑	♒	♌
23	♒	♈	♑	♒	♌
24	♒	♉	♑	♒	♌
25	♒	♉	♑	♒	♌
26	♒	♊	♑	♒	♌
27	♒	♊	♑	♒	♌
28	♒	♋	♑	♒	♌
29	♒	♋	♑	♒	♌
30	♒	♌	♑	♒	♌
31	♒	♌	♑	♒	♌

Feburar	Sonne ☉	Mond ☾	Merkur ☿	Venus ♀	Mars ♂
1	♒	♍	♑	♒	♌
2	♒	♍	♑	♒	♌
3	♒	♎	♑	♒	♌
4	♒	♎	♑	♒	♌
5	♒	♏	♑	♒	♌
6	♒	♏	♑	♒	♌
7	♒	♏	♑	♒	♌
8	♒	♐	♑	♒	♌
9	♒	♐	♑	♒	♌
10	♒	♑	♑	♒	♌
11	♒	♑	♒	♒	♌
12	♒	♒	♒	♒	♌
13	♒	♒	♒	♓	♌
14	♒	♒	♒	♓	♌
15	♒	♓	♒	♓	♌
16	♒	♓	♒	♓	♌
17	♒	♓	♒	♓	♌
18	♒	♈	♒	♓	♌
19	♒	♈	♒	♓	♌
20	♓	♉	♒	♓	♌
21	♓	♉	♒	♓	♌
22	♓	♊	♒	♓	♌
23	♓	♊	♒	♓	♌
24	♓	♋	♒	♓	♌
25	♓	♋	♒	♓	♌
26	♓	♋	♒	♓	♌
27	♓	♌	♒	♓	♌
28	♓	♌	♒	♓	♌

März	Sonne ☉	Mond ☾	Merkur ☿	Venus ♀	Mars ♂
1	♓	♍	♒	♓	♌
2	♓	♍	♓	♓	♌
3	♓	♎	♓	♓	♌
4	♓	♎	♓	♓	♌
5	♓	♏	♓	♓	♌
6	♓	♏	♓	♓	♌
7	♓	♐	♓	♓	♌
8	♓	♐	♓	♓	♌
9	♓	♑	♓	♓	♌
10	♓	♑	♓	♓	♌
11	♓	♑	♓	♓	♌
12	♓	♒	♓	♓	♌
13	♓	♒	♓	♓	♌
14	♓	♓	♓	♓	♌
15	♓	♓	♓	♓	♌
16	♓	♓	♓	♓	♌
17	♓	♈	♓	♓	♌
18	♓	♈	♓	♈	♌
19	♓	♉	♓	♈	♌
20	♓	♉	♓	♈	♌
21	♈	♉	♓	♈	♌
22	♈	♊	♓	♈	♌
23	♈	♊	♓	♈	♌
24	♈	♋	♓	♈	♌
25	♈	♋	♓	♈	♌
26	♈	♌	♓	♈	♌
27	♈	♌	♓	♈	♌
28	♈	♍	♓	♈	♌
29	♈	♍	♓	♈	♌
30	♈	♎	♓	♈	♌
31	♈	♎	♓	♈	♌

April	Sonne ☉	Mond ☾	Merkur ☿	Venus ♀	Mars ♂
1	♈	♏	♓	♈	♌
2	♈	♏	♓	♈	♌
3	♈	♐	♓	♉	♌
4	♈	♐	♉	♉	♌
5	♈	♐	♉	♉	♌
6	♈	♑	♉	♉	♌
7	♈	♑	♉	♉	♌
8	♈	♒	♉	♉	♌
9	♈	♒	♉	♉	♌
10	♈	♒	♉	♉	♌
11	♈	♓	♉	♉	♌
12	♈	♓	♉	♉	♌
13	♈	♈	♉	♉	♌
14	♈	♈	♉	♉	♌
15	♈	♉	♉	♉	♌
16	♈	♉	♉	♉	♌
17	♈	♉	♉	♉	♌
18	♈	♊	♉	♉	♌
19	♈	♊	♉	♉	♌
20	♈	♋	♉	♉	♌
21	♈	♋	♉	♉	♌
22	♉	♌	♉	♉	♌
23	♉	♌	♉	♉	♌
24	♉	♍	♉	♉	♌
25	♉	♍	♉	♉	♌
26	♉	♎	♉	♉	♌
27	♉	♎	♉	♉	♌
28	♉	♏	♉	♉	♌
29	♉	♏	♉	♉	♌
30	♉	♏	♉	♉	♌

Mai	Sonne ☉	Mond ☾	Merkur ☿	Venus ♀	Mars ♂
1	♉	♐	♉	♉	♌
2	♉	♐	♉	♊	♌
3	♉	♑	♉	♊	♌
4	♉	♑	♉	♊	♌
5	♉	♒	♉	♊	♌
6	♉	♒	♉	♊	♌
7	♉	♒	♉	♊	♌
8	♉	♓	♉	♊	♌
9	♉	♓	♉	♊	♌
10	♉	♈	♉	♊	♌
11	♉	♈	♊	♊	♌
12	♉	♈	♊	♊	♌
13	♉	♉	♊	♊	♌
14	♉	♉	♊	♊	♌
15	♉	♊	♊	♊	♌
16	♉	♊	♊	♊	♌
17	♉	♋	♊	♊	♌
18	♉	♋	♊	♊	♌
19	♉	♌	♊	♊	♌
20	♉	♌	♊	♊	♌
21	♊	♍	♊	♋	♌
22	♊	♍	♊	♋	♌
23	♊	♍	♊	♋	♌
24	♊	♎	♊	♋	♌
25	♊	♎	♊	♋	♌
26	♊	♏	♋	♋	♌
27	♊	♏	♋	♋	♌
28	♊	♐	♋	♋	♌
29	♊	♐	♋	♋	♌
30	♊	♑	♋	♋	♌
31	♊	♑	♋	♋	♌

Juni	Sonne ☉	Mond ☾	Merkur ☿	Venus ♀	Mars ♂
1	♊	♑	♋	♋	♌
2	♊	♒	♋	♋	♌
3	♊	♒	♋	♋	♌
4	♊	♓	♋	♋	♌
5	♊	♓	♋	♋	♌
6	♊	♓	♋	♋	♌
7	♊	♈	♋	♋	♌
8	♊	♈	♋	♋	♍
9	♊	♉	♋	♋	♍
10	♊	♉	♌	♋	♍
11	♊	♊	♌	♋	♍
12	♊	♊	♌	♋	♍
13	♊	♊	♌	♋	♍
14	♊	♋	♌	♋	♍
15	♊	♋	♌	♌	♍
16	♊	♌	♌	♌	♍
17	♊	♌	♌	♌	♍
18	♊	♍	♌	♌	♍
19	♊	♍	♌	♌	♍
20	♊	♎	♌	♌	♍
21	♊	♎	♌	♌	♍
22	♋	♏	♌	♌	♍
23	♋	♏	♌	♌	♍
24	♋	♐	♌	♌	♍
25	♋	♐	♌	♌	♍
26	♋	♐	♌	♌	♍
27	♋	♑	♌	♌	♍
28	♋	♑	♍	♌	♍
29	♋	♒	♍	♌	♍
30	♋	♒	♍	♌	♍

Juli	Sonne ☉	Mond ☾	Merkur ☿	Venus ♀	Mars ♂
1	♋	♒	♍	♌	♍
2	♋	♓	♍	♌	♍
3	♋	♓	♍	♌	♍
4	♋	♈	♍	♌	♍
5	♋	♈	♍	♌	♍
6	♋	♈	♍	♌	♍
7	♋	♉	♍	♌	♍
8	♋	♉	♍	♌	♍
9	♋	♊	♍	♌	♍
10	♋	♊	♍	♌	♍
11	♋	♋	♍	♍	♍
12	♋	♋	♍	♍	♍
13	♋	♌	♍	♍	♍
14	♋	♌	♍	♍	♍
15	♋	♍	♍	♍	♍
16	♋	♍	♍	♍	♍
17	♋	♎	♍	♍	♍
18	♋	♎	♍	♍	♍
19	♋	♏	♍	♍	♍
20	♋	♏	♍	♍	♍
21	♋	♐	♍	♍	♍
22	♋	♐	♍	♍	♍
23	♌	♐	♍	♍	♍
24	♌	♑	♍	♍	♍
25	♌	♑	♍	♍	♍
26	♌	♒	♍	♍	♍
27	♌	♒	♍	♍	♍
28	♌	♒	♍	♍	♍
29	♌	♓	♍	♍	♍
30	♌	♓	♍	♍	♎
31	♌	♈	♍	♍	♎

August	Sonne ☉	Mond ☾	Merkur ☿	Venus ♀	Mars ♂
1	♌	♈	♍	♍	♎
2	♌	♈	♍	♍	♎
3	♌	♉	♍	♍	♎
4	♌	♉	♍	♍	♎
5	♌	♊	♍	♍	♎
6	♌	♊	♍	♍	♎
7	♌	♋	♍	♍	♎
8	♌	♋	♍	♎	♎
9	♌	♋	♍	♎	♎
10	♌	♌	♍	♎	♎
11	♌	♌	♍	♎	♎
12	♌	♍	♍	♎	♎
13	♌	♍	♍	♎	♎
14	♌	♎	♍	♎	♎
15	♌	♎	♍	♎	♎
16	♌	♎	♍	♎	♎
17	♌	♏	♍	♎	♎
18	♌	♏	♍	♎	♎
19	♌	♐	♍	♎	♎
20	♌	♐	♍	♎	♎
21	♌	♑	♍	♎	♎
22	♌	♑	♍	♎	♎
23	♌	♑	♍	♎	♎
24	♍	♒	♍	♎	♎
25	♍	♒	♍	♎	♎
26	♍	♓	♍	♎	♎
27	♍	♓	♍	♎	♎
28	♍	♓	♍	♎	♎
29	♍	♈	♍	♎	♎
30	♍	♈	♍	♎	♎
31	♍	♉	♍	♎	♎

September	Sonne ☉	Mond ☾	Merkur ☿	Venus ♀	Mars ♂
1	♍	♉	♍	♎	♎
2	♍	♊	♍	♎	♎
3	♍	♊	♍	♎	♎
4	♍	♋	♍	♎	♎
5	♍	♋	♍	♎	♎
6	♍	♌	♍	♎	♎
7	♍	♌	♍	♎	♎
8	♍	♍	♍	♎	♎
9	♍	♍	♍	♎	♎
10	♍	♎	♍	♏	♎
11	♍	♎	♍	♏	♎
12	♍	♏	♍	♏	♎
13	♍	♏	♍	♏	♎
14	♍	♐	♍	♏	♎
15	♍	♐	♍	♏	♏
16	♍	♑	♍	♏	♏
17	♍	♑	♍	♏	♏
18	♍	♑	♍	♏	♏
19	♍	♒	♍	♏	♏
20	♍	♒	♍	♏	♏
21	♍	♓	♍	♏	♏
22	♍	♓	♍	♏	♏
23	♍	♓	♍	♏	♏
24	♎	♈	♍	♏	♏
25	♎	♈	♍	♏	♏
26	♎	♉	♍	♏	♏
27	♎	♉	♍	♏	♏
28	♎	♉	♍	♏	♏
29	♎	♊	♍	♏	♏
30	♎	♊	♍	♏	♏

Oktober	Sonne ☉	Mond ☾	Merkur ☿	Venus ♀	Mars ♂
1	♎	♋	♍	♏	♏
2	♎	♋	♍	♏	♏
3	♎	♌	♍	♏	♏
4	♎	♌	♎	♏	♏
5	♎	♍	♎	♏	♏
6	♎	♍	♎	♏	♏
7	♎	♎	♎	♏	♏
8	♎	♎	♎	♏	♏
9	♎	♏	♎	♏	♏
10	♎	♏	♎	♏	♏
11	♎	♐	♎	♏	♏
12	♎	♐	♎	♏	♏
13	♎	♐	♎	♏	♏
14	♎	♑	♎	♏	♏
15	♎	♑	♎	♏	♏
16	♎	♒	♎	♏	♏
17	♎	♒	♎	♏	♏
18	♎	♒	♎	♏	♏
19	♎	♓	♎	♏	♏
20	♎	♓	♎	♏	♏
21	♎	♈	♏	♏	♏
22	♎	♈	♏	♏	♏
23	♎	♈	♏	♏	♏
24	♏	♉	♏	♏	♏
25	♏	♉	♏	♏	♏
26	♏	♊	♏	♏	♏
27	♏	♊	♏	♏	♏
28	♏	♋	♏	♏	♏
29	♏	♋	♏	♏	♐
30	♏	♋	♏	♏	♐
31	♏	♌	♏	♏	♐

November	Sonne ☉	Mond ☾	Merkur ☿	Venus ♀	Mars ♂
1	♏	♌	♏	♏	♐
2	♏	♍	♏	♏	♐
3	♏	♍	♏	♏	♐
4	♏	♎	♏	♏	♐
5	♏	♎	♏	♏	♐
6	♏	♏	♏	♏	♐
7	♏	♏	♏	♏	♐
8	♏	♐	♏	♏	♐
9	♏	♐	♐	♏	♐
10	♏	♑	♐	♎	♐
11	♏	♑	♐	♎	♐
12	♏	♒	♐	♎	♐
13	♏	♒	♐	♎	♐
14	♏	♒	♐	♎	♐
15	♏	♓	♐	♎	♐
16	♏	♓	♐	♎	♐
17	♏	♈	♐	♎	♐
18	♏	♈	♐	♎	♐
19	♏	♈	♐	♎	♐
20	♏	♉	♐	♎	♐
21	♏	♉	♐	♎	♐
22	♏	♊	♐	♎	♐
23	♐	♊	♐	♎	♐
24	♐	♊	♐	♎	♐
25	♐	♋	♐	♎	♐
26	♐	♋	♐	♎	♐
27	♐	♌	♐	♎	♐
28	♐	♌	♐	♎	♐
29	♐	♍	♐	♎	♐
30	♐	♍	♐	♎	♐

Dezember	Sonne ☉	Mond ☾	Merkur ☿	Venus ♀	Mars ♂
1	♐	♎	♑	♏	♐
2	♐	♎	♑	♏	♐
3	♐	♏	♑	♏	♐
4	♐	♏	♑	♏	♐
5	♐	♐	♑	♏	♐
6	♐	♐	♑	♏	♐
7	♐	♑	♑	♏	♐
8	♐	♑	♑	♏	♑
9	♐	♑	♑	♏	♑
10	♐	♒	♑	♏	♑
11	♐	♒	♑	♏	♑
12	♐	♓	♑	♏	♑
13	♐	♓	♑	♏	♑
14	♐	♓	♑	♏	♑
15	♐	♈	♑	♏	♑
16	♐	♈	♑	♏	♑
17	♐	♉	♑	♏	♑
18	♐	♉	♑	♏	♑
19	♐	♉	♐	♏	♑
20	♐	♊	♐	♏	♑
21	♐	♊	♐	♏	♑
22	♑	♋	♐	♏	♑
23	♑	♋	♐	♏	♑
24	♑	♌	♐	♏	♑
25	♑	♌	♐	♏	♑
26	♑	♍	♐	♏	♑
27	♑	♍	♐	♏	♑
28	♑	♎	♐	♏	♑
29	♑	♎	♐	♏	♑
30	♑	♏	♐	♏	♑
31	♑	♏	♐	♏	♑

Januar	Sonne ☉	Mond ☾	Merkur ☿	Venus ♀	Mars ♂
1	♑	♏	♐	♏	♑
2	♑	♐	♐	♏	♑
3	♑	♐	♐	♏	♑
4	♑	♑	♐	♏	♑
5	♑	♑	♐	♏	♑
6	♑	♒	♐	♏	♑
7	♑	♒	♐	♏	♑
8	♑	♒	♐	♐	♑
9	♑	♓	♐	♐	♑
10	♑	♓	♐	♐	♑
11	♑	♈	♐	♐	♑
12	♑	♈	♐	♐	♑
13	♑	♈	♐	♐	♑
14	♑	♉	♑	♐	♑
15	♑	♉	♑	♐	♑
16	♑	♊	♑	♐	♒
17	♑	♊	♑	♐	♒
18	♑	♋	♑	♐	♒
19	♑	♋	♑	♐	♒
20	♑	♌	♑	♐	♒
21	♒	♌	♑	♐	♒
22	♒	♍	♑	♐	♒
23	♒	♍	♑	♐	♒
24	♒	♎	♑	♐	♒
25	♒	♎	♑	♐	♒
26	♒	♎	♑	♐	♒
27	♒	♏	♑	♐	♒
28	♒	♏	♑	♐	♒
29	♒	♐	♑	♐	♒
30	♒	♐	♑	♐	♒
31	♒	♑	♑	♐	♒

Feburar	Sonne ☉	Mond ☾	Merkur ☿	Venus ♀	Mars ♂
1	♒	♑	♑	♐	♒
2	♒	♒	♑	♐	♒
3	♒	♒	♑	♐	♒
4	♒	♒	♒	♐	♒
5	♒	♓	♒	♑	♒
6	♒	♓	♒	♑	♒
7	♒	♈	♒	♑	♒
8	♒	♈	♒	♑	♒
9	♒	♈	♒	♑	♒
10	♒	♉	♒	♑	♒
11	♒	♉	♒	♑	♒
12	♒	♊	♒	♑	♒
13	♒	♊	♒	♑	♒
14	♒	♊	♒	♑	♒
15	♒	♋	♒	♑	♒
16	♒	♋	♒	♑	♒
17	♒	♌	♒	♑	♒
18	♒	♌	♒	♑	♒
19	♒	♍	♒	♑	♒
20	♓	♍	♒	♑	♒
21	♓	♎	♒	♑	♒
22	♓	♎	♓	♑	♒
23	♓	♏	♓	♑	♒
24	♓	♏	♓	♑	♓
25	♓	♐	♓	♑	♓
26	♓	♐	♓	♑	♓
27	♓	♑	♓	♑	♓
28	♓	♑	♓	♑	♓

März	Sonne ☉	Mond ☾	Merkur ☿	Venus ♀	Mars ♂
1	♓	♑	♓	♑	♓
2	♓	♒	♓	♑	♓
3	♓	♒	♓	♒	♓
4	♓	♓	♓	♒	♓
5	♓	♓	♓	♒	♓
6	♓	♓	♓	♒	♓
7	♓	♈	♓	♒	♓
8	♓	♈	♓	♒	♓
9	♓	♉	♓	♒	♓
10	♓	♉	♓	♒	♓
11	♓	♉	♓	♒	♓
12	♓	♊	♓	♒	♓
13	♓	♊	♓	♒	♓
14	♓	♋	♓	♒	♓
15	♓	♋	♓	♒	♓
16	♓	♌	♓	♒	♓
17	♓	♌	♓	♒	♓
18	♓	♍	♓	♒	♓
19	♓	♍	♓	♒	♓
20	♓	♎	♓	♒	♓
21	♈	♎	♓	♒	♓
22	♈	♏	♓	♒	♓
23	♈	♏	♓	♒	♓
24	♈	♐	♓	♒	♓
25	♈	♐	♓	♒	♓
26	♈	♐	♓	♒	♓
27	♈	♑	♓	♒	♓
28	♈	♑	♓	♓	♓
29	♈	♒	♓	♓	♓
30	♈	♒	♓	♓	♓
31	♈	♓	♓	♓	♓

April	Sonne ☉	Mond ☾	Merkur ☿	Venus ♀	Mars ♂
1	♈	♓	♓	♓	♓
2	♈	♓	♈	♓	♓
3	♈	♈	♈	♓	♈
4	♈	♈	♈	♓	♈
5	♈	♉	♈	♓	♈
6	♈	♉	♈	♓	♈
7	♈	♉	♈	♓	♈
8	♈	♊	♈	♓	♈
9	♈	♊	♈	♓	♈
10	♈	♋	♈	♓	♈
11	♈	♋	♈	♓	♈
12	♈	♋	♈	♓	♈
13	♈	♌	♈	♓	♈
14	♈	♌	♈	♓	♈
15	♈	♍	♈	♓	♈
16	♈	♍	♈	♓	♈
17	♈	♎	♈	♓	♈
18	♈	♎	♈	♓	♈
19	♈	♏	♈	♓	♈
20	♈	♏	♈	♓	♈
21	♈	♐	♈	♓	♈
22	♉	♐	♈	♈	♈
23	♉	♑	♈	♈	♈
24	♉	♑	♈	♈	♈
25	♉	♒	♈	♈	♈
26	♉	♒	♈	♈	♈
27	♉	♒	♈	♈	♈
28	♉	♓	♈	♈	♈
29	♉	♓	♈	♈	♈
30	♉	♈	♈	♈	♈

Mai	Sonne ☉	Mond ☾	Merkur ☿	Venus ♀	Mars ♂
1	♉	♈	♈	♈	♈
2	♉	♈	♈	♈	♈
3	♉	♉	♈	♈	♈
4	♉	♉	♈	♈	♈
5	♉	♊	♈	♈	♈
6	♉	♊	♈	♈	♈
7	♉	♊	♈	♈	♈
8	♉	♋	♈	♈	♈
9	♉	♋	♈	♈	♈
10	♉	♌	♈	♈	♈
11	♉	♌	♈	♈	♈
12	♉	♍	♈	♈	♉
13	♉	♍	♈	♈	♉
14	♉	♎	♈	♈	♉
15	♉	♎	♈	♈	♉
16	♉	♏	♉	♉	♉
17	♉	♏	♉	♉	♉
18	♉	♐	♉	♉	♉
19	♉	♐	♉	♉	♉
20	♉	♑	♉	♉	♉
21	♊	♑	♉	♉	♉
22	♊	♑	♉	♉	♉
23	♊	♒	♉	♉	♉
24	♊	♒	♉	♉	♉
25	♊	♓	♉	♉	♉
26	♊	♓	♉	♉	♉
27	♊	♓	♉	♉	♉
28	♊	♈	♉	♉	♉
29	♊	♈	♉	♉	♉
30	♊	♉	♉	♉	♉
31	♊	♉	♉	♉	♉

Juni	Sonne ☉	Mond ☾	Merkur ☿	Venus ♀	Mars ♂
1	♊	♊	♉	♉	♉
2	♊	♊	♉	♉	♉
3	♊	♊	♊	♉	♉
4	♊	♋	♊	♉	♉
5	♊	♋	♊	♉	♉
6	♊	♌	♊	♉	♉
7	♊	♌	♊	♉	♉
8	♊	♍	♊	♉	♉
9	♊	♍	♊	♉	♉
10	♊	♎	♊	♊	♉
11	♊	♎	♊	♊	♉
12	♊	♎	♊	♊	♉
13	♊	♏	♊	♊	♉
14	♊	♏	♊	♊	♉
15	♊	♐	♊	♊	♉
16	♊	♐	♊	♊	♉
17	♊	♑	♋	♊	♉
18	♊	♑	♋	♊	♉
19	♊	♒	♋	♊	♉
20	♊	♒	♋	♊	♉
21	♊	♓	♋	♊	♉
22	♋	♓	♋	♊	♊
23	♋	♓	♋	♊	♊
24	♋	♈	♋	♊	♊
25	♋	♈	♋	♊	♊
26	♋	♉	♋	♊	♊
27	♋	♉	♋	♊	♊
28	♋	♉	♋	♊	♊
29	♋	♊	♋	♊	♊
30	♋	♊	♋	♊	♊

Juli	Sonne ☉	Mond ☾	Merkur ☿	Venus ♀	Mars ♂
1	♋	♋	♋	♊	♊
2	♋	♋	♋	♊	♊
3	♋	♌	♌	♊	♊
4	♋	♌	♌	♊	♊
5	♋	♌	♌	♋	♊
6	♋	♍	♌	♋	♊
7	♋	♍	♌	♋	♊
8	♋	♎	♌	♋	♊
9	♋	♎	♌	♋	♊
10	♋	♏	♌	♋	♊
11	♋	♏	♌	♋	♊
12	♋	♐	♌	♋	♊
13	♋	♐	♌	♋	♊
14	♋	♑	♌	♋	♊
15	♋	♑	♌	♋	♊
16	♋	♒	♌	♋	♊
17	♋	♒	♌	♋	♊
18	♋	♒	♌	♋	♊
19	♋	♓	♌	♋	♊
20	♋	♓	♌	♋	♊
21	♋	♈	♌	♋	♊
22	♋	♈	♌	♋	♊
23	♌	♈	♌	♋	♊
24	♌	♉	♌	♋	♊
25	♌	♉	♌	♋	♊
26	♌	♊	♌	♋	♊
27	♌	♊	♌	♋	♊
28	♌	♊	♌	♋	♊
29	♌	♋	♌	♌	♊
30	♌	♋	♍	♌	♊
31	♌	♌	♍	♌	♊

August	Sonne ☉	Mond ☾	Merkur ☿	Venus ♀	Mars ♂
1	♌	♌	♍	♌	♊
2	♌	♍	♍	♌	♊
3	♌	♍	♍	♌	♊
4	♌	♎	♍	♌	♋
5	♌	♎	♍	♌	♋
6	♌	♏	♍	♌	♋
7	♌	♏	♍	♌	♋
8	♌	♐	♍	♌	♋
9	♌	♐	♌	♌	♋
10	♌	♑	♌	♌	♋
11	♌	♑	♌	♌	♋
12	♌	♑	♌	♌	♋
13	♌	♒	♌	♌	♋
14	♌	♒	♌	♌	♋
15	♌	♓	♌	♌	♋
16	♌	♓	♌	♌	♋
17	♌	♓	♌	♌	♋
18	♌	♈	♌	♌	♋
19	♌	♈	♌	♌	♋
20	♌	♉	♌	♌	♋
21	♌	♉	♌	♌	♋
22	♌	♉	♌	♍	♋
23	♌	♊	♌	♍	♋
24	♍	♊	♌	♍	♋
25	♍	♋	♌	♍	♋
26	♍	♋	♌	♍	♋
27	♍	♌	♌	♍	♋
28	♍	♌	♌	♍	♋
29	♍	♍	♌	♍	♋
30	♍	♍	♌	♍	♋
31	♍	♎	♌	♍	♋

September	Sonne ☉	Mond ☾	Merkur ☿	Venus ♀	Mars ♂
1	♍	♎	♌	♍	♋
2	♍	♏	♌	♍	♋
3	♍	♏	♌	♍	♋
4	♍	♐	♌	♍	♋
5	♍	♐	♌	♍	♋
6	♍	♐	♌	♍	♋
7	♍	♑	♌	♍	♋
8	♍	♑	♌	♍	♋
9	♍	♒	♌	♍	♋
10	♍	♒	♍	♍	♋
11	♍	♓	♍	♍	♋
12	♍	♓	♍	♍	♋
13	♍	♓	♍	♍	♋
14	♍	♈	♍	♍	♋
15	♍	♈	♍	♍	♋
16	♍	♉	♍	♎	♋
17	♍	♉	♍	♎	♋
18	♍	♉	♍	♎	♋
19	♍	♊	♍	♎	♋
20	♍	♊	♍	♎	♌
21	♍	♋	♍	♎	♌
22	♍	♋	♍	♎	♌
23	♍	♋	♍	♎	♌
24	♎	♌	♍	♎	♌
25	♎	♌	♍	♎	♌
26	♎	♍	♎	♎	♌
27	♎	♍	♎	♎	♌
28	♎	♎	♎	♎	♌
29	♎	♎	♎	♎	♌
30	♎	♏	♎	♎	♌

Oktober	Sonne ☉	Mond ☾	Merkur ☿	Venus ♀	Mars ♂
1	♎	♏	♎	♎	♌
2	♎	♐	♎	♎	♌
3	♎	♐	♎	♎	♌
4	♎	♑	♎	♎	♌
5	♎	♑	♎	♎	♌
6	♎	♒	♎	♎	♌
7	♎	♒	♎	♎	♌
8	♎	♒	♎	♎	♌
9	♎	♓	♎	♎	♌
10	♎	♓	♎	♏	♌
11	♎	♈	♎	♏	♌
12	♎	♈	♎	♏	♌
13	♎	♈	♎	♏	♌
14	♎	♉	♏	♏	♌
15	♎	♉	♏	♏	♌
16	♎	♊	♏	♏	♌
17	♎	♊	♏	♏	♌
18	♎	♊	♏	♏	♌
19	♎	♋	♏	♏	♌
20	♎	♋	♏	♏	♌
21	♎	♌	♏	♏	♌
22	♎	♌	♏	♏	♌
23	♎	♍	♏	♏	♌
24	♏	♍	♏	♏	♌
25	♏	♎	♏	♏	♌
26	♏	♎	♏	♏	♌
27	♏	♏	♏	♏	♌
28	♏	♏	♏	♏	♌
29	♏	♐	♏	♏	♌
30	♏	♐	♏	♏	♌
31	♏	♑	♏	♏	♌

November	Sonne ☉	Mond ☾	Merkur ☿	Venus ♀	Mars ♂
1	♏	♑	♏	♏	♌
2	♏	♒	♏	♏	♌
3	♏	♒	♐	♐	♌
4	♏	♒	♐	♐	♌
5	♏	♓	♐	♐	♌
6	♏	♓	♐	♐	♌
7	♏	♈	♐	♐	♌
8	♏	♈	♐	♐	♌
9	♏	♈	♐	♐	♌
10	♏	♉	♐	♐	♌
11	♏	♉	♐	♐	♌
12	♏	♊	♐	♐	♍
13	♏	♊	♐	♐	♍
14	♏	♊	♐	♐	♍
15	♏	♋	♐	♐	♍
16	♏	♋	♐	♐	♍
17	♏	♌	♐	♐	♍
18	♏	♌	♐	♐	♍
19	♏	♍	♐	♐	♍
20	♏	♍	♐	♐	♍
21	♏	♍	♐	♐	♍
22	♏	♎	♐	♐	♍
23	♐	♎	♐	♐	♍
24	♐	♏	♐	♐	♍
25	♐	♏	♐	♐	♍
26	♐	♐	♐	♐	♍
27	♐	♐	♐	♑	♍
28	♐	♑	♐	♑	♍
29	♐	♑	♐	♑	♍
30	♐	♒	♐	♑	♍

Dezember	Sonne ☉	Mond ☾	Merkur ☿	Venus ♀	Mars ♂
1	♐	♒	♏	♑	♍
2	♐	♓	♐	♑	♍
3	♐	♓	♐	♑	♍
4	♐	♓	♐	♑	♍
5	♐	♈	♐	♑	♍
6	♐	♈	♐	♑	♍
7	♐	♉	♐	♑	♍
8	♐	♉	♐	♑	♍
9	♐	♉	♐	♑	♍
10	♐	♊	♐	♑	♍
11	♐	♊	♐	♑	♍
12	♐	♋	♐	♑	♍
13	♐	♋	♐	♑	♍
14	♐	♌	♐	♑	♍
15	♐	♌	♐	♑	♍
16	♐	♌	♐	♑	♍
17	♐	♍	♐	♑	♍
18	♐	♍	♐	♑	♍
19	♐	♎	♐	♑	♍
20	♐	♎	♐	♑	♍
21	♐	♏	♐	♒	♍
22	♑	♏	♐	♒	♍
23	♑	♐	♐	♒	♍
24	♑	♐	♐	♒	♍
25	♑	♑	♐	♒	♍
26	♑	♑	♐	♒	♍
27	♑	♒	♐	♒	♍
28	♑	♒	♐	♒	♍
29	♑	♓	♐	♒	♍
30	♑	♓	♐	♒	♍
31	♑	♓	♐	♒	♍

Januar	Sonne ☉	Mond ☾	Merkur ☿	Venus ♀	Mars ♂
1	♑	♈	♐	♒	♍
2	♑	♈	♐	♒	♍
3	♑	♉	♐	♒	♍
4	♑	♉	♐	♒	♍
5	♑	♉	♐	♒	♍
6	♑	♊	♐	♒	♍
7	♑	♊	♐	♒	♍
8	♑	♋	♐	♒	♍
9	♑	♋	♑	♒	♍
10	♑	♋	♑	♒	♍
11	♑	♌	♑	♒	♍
12	♑	♌	♑	♒	♍
13	♑	♍	♑	♒	♍
14	♑	♍	♑	♒	♍
15	♑	♎	♑	♓	♍
16	♑	♎	♑	♓	♍
17	♑	♏	♑	♓	♍
18	♑	♏	♑	♓	♍
19	♑	♐	♑	♓	♍
20	♑	♐	♑	♓	♍
21	♒	♑	♑	♓	♍
22	♒	♑	♑	♓	♍
23	♒	♑	♑	♓	♍
24	♒	♒	♑	♓	♍
25	♒	♒	♑	♓	♍
26	♒	♓	♑	♓	♍
27	♒	♓	♑	♓	♍
28	♒	♈	♒	♓	♍
29	♒	♈	♒	♓	♍
30	♒	♈	♒	♓	♍
31	♒	♉	♒	♓	♍

Feburar	Sonne ☉	Mond ☾	Merkur ☿	Venus ♀	Mars ♂
1	♒	♉	♒	♓	♍
2	♒	♊	♒	♓	♍
3	♒	♊	♒	♓	♍
4	♒	♊	♒	♓	♍
5	♒	♋	♒	♓	♍
6	♒	♋	♒	♓	♍
7	♒	♌	♒	♓	♍
8	♒	♌	♒	♓	♍
9	♒	♍	♒	♈	♍
10	♒	♍	♒	♈	♍
11	♒	♎	♒	♈	♍
12	♒	♎	♒	♈	♍
13	♒	♏	♒	♈	♍
14	♒	♏	♒	♈	♍
15	♒	♏	♓	♈	♍
16	♒	♐	♓	♈	♍
17	♒	♐	♓	♈	♍
18	♒	♑	♓	♈	♍
19	♒	♑	♓	♈	♍
20	♓	♒	♓	♈	♍
21	♓	♒	♓	♈	♍
22	♓	♓	♓	♈	♍
23	♓	♓	♓	♈	♍
24	♓	♓	♓	♈	♍
25	♓	♈	♓	♈	♍
26	♓	♈	♓	♈	♍
27	♓	♉	♓	♈	♍
28	♓	♉	♓	♈	♍
29	♓	♉	♓	♈	♍

März	Sonne ☉	Mond ☾	Merkur ☿	Venus ♀	Mars ♂
1	♓	♊	♓	♈	♍
2	♓	♊	♓	♈	♍
3	♓	♋	♈	♈	♍
4	♓	♋	♈	♈	♍
5	♓	♌	♈	♈	♍
6	♓	♌	♈	♉	♍
7	♓	♌	♈	♉	♍
8	♓	♍	♈	♉	♍
9	♓	♍	♈	♉	♍
10	♓	♎	♈	♉	♍
11	♓	♎	♈	♉	♍
12	♓	♏	♈	♉	♍
13	♓	♏	♈	♉	♍
14	♓	♐	♈	♉	♍
15	♓	♐	♈	♉	♍
16	♓	♑	♈	♉	♍
17	♓	♑	♈	♉	♍
18	♓	♒	♈	♉	♍
19	♓	♒	♈	♉	♍
20	♓	♒	♈	♉	♍
21	♈	♓	♈	♉	♍
22	♈	♓	♈	♉	♍
23	♈	♈	♈	♉	♍
24	♈	♈	♓	♉	♍
25	♈	♉	♓	♉	♍
26	♈	♉	♓	♉	♍
27	♈	♉	♓	♉	♍
28	♈	♊	♓	♉	♍
29	♈	♊	♓	♉	♍
30	♈	♋	♓	♉	♍
31	♈	♋	♓	♉	♍

April	Sonne ☉	Mond ☾	Merkur ☿	Venus ♀	Mars ♂
1	♈	♋	♓	♉	♍
2	♈	♌	♓	♉	♍
3	♈	♌	♓	♉	♍
4	♈	♍	♓	♊	♍
5	♈	♍	♓	♊	♍
6	♈	♎	♓	♊	♍
7	♈	♎	♓	♊	♍
8	♈	♏	♓	♊	♍
9	♈	♏	♓	♊	♍
10	♈	♐	♓	♊	♍
11	♈	♐	♓	♊	♍
12	♈	♑	♓	♊	♍
13	♈	♑	♓	♊	♍
14	♈	♒	♓	♊	♍
15	♈	♒	♓	♊	♍
16	♈	♒	♓	♊	♍
17	♈	♓	♈	♊	♍
18	♈	♓	♈	♊	♍
19	♈	♈	♈	♊	♍
20	♈	♈	♈	♊	♍
21	♈	♈	♈	♊	♍
22	♉	♉	♈	♊	♍
23	♉	♉	♈	♊	♍
24	♉	♊	♈	♊	♍
25	♉	♊	♈	♊	♍
26	♉	♊	♈	♊	♍
27	♉	♋	♈	♊	♍
28	♉	♋	♈	♊	♍
29	♉	♌	♈	♊	♍
30	♉	♌	♈	♊	♍

Mai	Sonne ☉	Mond ☾	Merkur ☿	Venus ♀	Mars ♂
1	♉	♍	♈	♊	♍
2	♉	♍	♈	♊	♍
3	♉	♍	♈	♊	♍
4	♉	♎	♈	♊	♍
5	♉	♎	♈	♊	♍
6	♉	♏	♈	♊	♍
7	♉	♏	♈	♊	♍
8	♉	♐	♈	♊	♍
9	♉	♐	♈	♊	♍
10	♉	♑	♉	♊	♍
11	♉	♑	♉	♊	♍
12	♉	♒	♉	♊	♍
13	♉	♒	♉	♊	♍
14	♉	♒	♉	♊	♍
15	♉	♓	♉	♊	♍
16	♉	♓	♉	♊	♍
17	♉	♈	♉	♊	♍
18	♉	♈	♉	♊	♍
19	♉	♈	♉	♊	♍
20	♉	♉	♉	♊	♍
21	♊	♉	♉	♊	♍
22	♊	♊	♉	♊	♍
23	♊	♊	♉	♊	♍
24	♊	♊	♉	♊	♍
25	♊	♋	♊	♊	♍
26	♊	♋	♊	♊	♍
27	♊	♌	♊	♊	♍
28	♊	♌	♊	♊	♍
29	♊	♍	♊	♊	♍
30	♊	♍	♊	♊	♍
31	♊	♎	♊	♊	♍

Juni	Sonne ☉	Mond ☾	Merkur ☿	Venus ♀	Mars ♂
1	♊	♎	♊	♊	♍
2	♊	♏	♊	♊	♍
3	♊	♏	♊	♊	♍
4	♊	♐	♊	♊	♍
5	♊	♐	♊	♊	♍
6	♊	♑	♊	♊	♍
7	♊	♑	♊	♊	♍
8	♊	♒	♋	♊	♍
9	♊	♒	♋	♊	♍
10	♊	♓	♋	♊	♍
11	♊	♓	♋	♊	♍
12	♊	♓	♋	♊	♍
13	♊	♈	♋	♊	♍
14	♊	♈	♋	♊	♍
15	♊	♉	♋	♊	♍
16	♊	♉	♋	♊	♍
17	♊	♉	♋	♊	♍
18	♊	♊	♋	♊	♍
19	♊	♊	♋	♊	♍
20	♊	♋	♋	♊	♍
21	♊	♋	♋	♊	♍
22	♋	♋	♋	♊	♍
23	♋	♌	♋	♊	♍
24	♋	♌	♋	♊	♍
25	♋	♍	♋	♊	♍
26	♋	♍	♋	♊	♍
27	♋	♎	♋	♊	♍
28	♋	♎	♋	♊	♍
29	♋	♏	♌	♊	♍
30	♋	♏	♌	♊	♍

Juli	Sonne ☉	Mond ☾	Merkur ☿	Venus ♀	Mars ♂
1	♋	♐	♌	♊	♍
2	♋	♐	♌	♊	♍
3	♋	♑	♌	♊	♍
4	♋	♑	♌	♊	♎
5	♋	♑	♌	♊	♎
6	♋	♒	♌	♊	♎
7	♋	♒	♌	♊	♎
8	♋	♓	♌	♊	♎
9	♋	♓	♌	♊	♎
10	♋	♈	♌	♊	♎
11	♋	♈	♌	♊	♎
12	♋	♉	♌	♊	♎
13	♋	♉	♌	♊	♎
14	♋	♉	♌	♊	♎
15	♋	♊	♌	♊	♎
16	♋	♊	♌	♊	♎
17	♋	♊	♌	♊	♎
18	♋	♋	♌	♊	♎
19	♋	♋	♌	♊	♎
20	♋	♌	♌	♊	♎
21	♋	♌	♌	♊	♎
22	♋	♍	♌	♊	♎
23	♌	♍	♌	♊	♎
24	♌	♎	♌	♊	♎
25	♌	♎	♌	♊	♎
26	♌	♏	♌	♊	♎
27	♌	♏	♌	♊	♎
28	♌	♐	♌	♊	♎
29	♌	♐	♌	♊	♎
30	♌	♑	♌	♊	♎
31	♌	♑	♌	♊	♎

August	Sonne ☉	Mond ☾	Merkur ☿	Venus ♀	Mars ♂
1	♌	♑	♌	♊	♎
2	♌	♒	♌	♊	♎
3	♌	♒	♌	♊	♎
4	♌	♓	♌	♊	♎
5	♌	♓	♌	♊	♎
6	♌	♈	♌	♊	♎
7	♌	♈	♌	♊	♎
8	♌	♈	♌	♋	♎
9	♌	♉	♌	♋	♎
10	♌	♉	♌	♋	♎
11	♌	♊	♌	♋	♎
12	♌	♊	♌	♋	♎
13	♌	♊	♌	♋	♎
14	♌	♋	♌	♋	♎
15	♌	♋	♌	♋	♎
16	♌	♌	♌	♋	♎
17	♌	♌	♌	♋	♎
18	♌	♌	♌	♋	♎
19	♌	♍	♌	♋	♎
20	♌	♍	♌	♋	♎
21	♌	♎	♌	♋	♎
22	♌	♎	♌	♋	♎
23	♌	♏	♌	♋	♎
24	♍	♏	♌	♋	♏
25	♍	♐	♌	♋	♏
26	♍	♐	♌	♋	♏
27	♍	♑	♌	♋	♏
28	♍	♑	♌	♋	♏
29	♍	♒	♌	♋	♏
30	♍	♒	♌	♋	♏
31	♍	♓	♌	♋	♏

September	Sonne ☉	Mond ☾	Merkur ☿	Venus ♀	Mars ♂
1	♍	♓	♌	♋	♏
2	♍	♈	♍	♋	♏
3	♍	♈	♍	♋	♏
4	♍	♉	♍	♋	♏
5	♍	♉	♍	♋	♏
6	♍	♉	♍	♋	♏
7	♍	♊	♍	♌	♏
8	♍	♊	♍	♌	♏
9	♍	♋	♍	♌	♏
10	♍	♋	♍	♌	♏
11	♍	♋	♍	♌	♏
12	♍	♌	♍	♌	♏
13	♍	♌	♍	♌	♏
14	♍	♍	♍	♌	♏
15	♍	♍	♍	♌	♏
16	♍	♎	♍	♌	♏
17	♍	♎	♎	♌	♏
18	♍	♏	♎	♌	♏
19	♍	♏	♎	♌	♏
20	♍	♐	♎	♌	♏
21	♍	♐	♎	♌	♏
22	♍	♑	♎	♌	♏
23	♍	♑	♎	♌	♏
24	♎	♒	♎	♌	♏
25	♎	♒	♎	♌	♏
26	♎	♒	♎	♌	♏
27	♎	♓	♎	♌	♏
28	♎	♓	♎	♌	♏
29	♎	♈	♎	♌	♏
30	♎	♈	♎	♌	♏

Oktober	Sonne ☉	Mond ☾	Merkur ☿	Venus ♀	Mars ♂
1	♎	♈	♎	♌	♏
2	♎	♉	♎	♌	♏
3	♎	♉	♎	♌	♏
4	♎	♉	♎	♍	♏
5	♎	♊	♎	♍	♏
6	♎	♊	♏	♍	♏
7	♎	♊	♏	♍	♏
8	♎	♋	♏	♍	♐
9	♎	♋	♏	♍	♐
10	♎	♌	♏	♍	♐
11	♎	♌	♏	♍	♐
12	♎	♍	♏	♍	♐
13	♎	♍	♏	♍	♐
14	♎	♎	♏	♍	♐
15	♎	♎	♏	♍	♐
16	♎	♎	♏	♍	♐
17	♎	♏	♏	♍	♐
18	♎	♏	♏	♍	♐
19	♎	♐	♏	♍	♐
20	♎	♐	♏	♍	♐
21	♎	♑	♏	♍	♐
22	♎	♑	♏	♍	♐
23	♎	♒	♏	♍	♐
24	♏	♒	♏	♍	♐
25	♏	♓	♏	♍	♐
26	♏	♓	♏	♍	♐
27	♏	♈	♏	♍	♐
28	♏	♈	♏	♍	♐
29	♏	♈	♏	♎	♐
30	♏	♉	♐	♎	♐
31	♏	♉	♐	♎	♐

November	Sonne ☉	Mond ☾	Merkur ☿	Venus ♀	Mars ♂
1	♏	♊	♐	♎	♐
2	♏	♊	♐	♎	♐
3	♏	♊	♐	♎	♐
4	♏	♋	♐	♎	♐
5	♏	♋	♐	♎	♐
6	♏	♌	♐	♎	♐
7	♏	♌	♐	♎	♐
8	♏	♌	♐	♎	♐
9	♏	♍	♐	♎	♐
10	♏	♍	♐	♎	♐
11	♏	♎	♐	♎	♐
12	♏	♎	♐	♎	♐
13	♏	♏	♐	♎	♐
14	♏	♏	♐	♎	♐
15	♏	♐	♏	♎	♐
16	♏	♐	♏	♎	♐
17	♏	♑	♏	♎	♐
18	♏	♑	♏	♎	♑
19	♏	♒	♏	♎	♑
20	♏	♒	♏	♎	♑
21	♏	♓	♏	♎	♑
22	♏	♓	♏	♎	♑
23	♐	♓	♏	♏	♑
24	♐	♈	♏	♏	♑
25	♐	♈	♏	♏	♑
26	♐	♈	♏	♏	♑
27	♐	♉	♏	♏	♑
28	♐	♉	♏	♏	♑
29	♐	♊	♏	♏	♑
30	♐	♊	♏	♏	♑

Dezember	Sonne ☉	Mond ☾	Merkur ☿	Venus ♀	Mars ♂
1	♐	♋	♏	♏	♑
2	♐	♋	♏	♏	♑
3	♐	♋	♏	♏	♑
4	♐	♌	♏	♏	♑
5	♐	♌	♏	♏	♑
6	♐	♍	♏	♏	♑
7	♐	♍	♏	♏	♑
8	♐	♎	♏	♏	♑
9	♐	♎	♏	♏	♑
10	♐	♏	♏	♏	♑
11	♐	♏	♏	♏	♑
12	♐	♐	♐	♏	♑
13	♐	♐	♐	♏	♑
14	♐	♑	♐	♏	♑
15	♐	♑	♐	♏	♑
16	♐	♒	♐	♏	♑
17	♐	♒	♐	♐	♑
18	♐	♒	♐	♐	♑
19	♐	♓	♐	♐	♑
20	♐	♓	♐	♐	♑
21	♐	♈	♐	♐	♑
22	♑	♈	♐	♐	♑
23	♑	♉	♐	♐	♑
24	♑	♉	♐	♐	♑
25	♑	♉	♐	♐	♑
26	♑	♊	♐	♐	♑
27	♑	♊	♐	♐	♒
28	♑	♋	♐	♐	♒
29	♑	♋	♐	♐	♒
30	♑	♋	♐	♐	♒
31	♑	♌	♐	♐	♒

Januar	Sonne ☉	Mond ☾	Merkur ☿	Venus ♀	Mars ♂
1	♑	♌	♑	♐	♒
2	♑	♍	♑	♐	♒
3	♑	♍	♑	♐	♒
4	♑	♍	♑	♐	♒
5	♑	♎	♑	♐	♒
6	♑	♎	♑	♐	♒
7	♑	♏	♑	♐	♒
8	♑	♏	♑	♐	♒
9	♑	♐	♑	♐	♒
10	♑	♐	♑	♑	♒
11	♑	♑	♑	♑	♒
12	♑	♑	♑	♑	♒
13	♑	♒	♑	♑	♒
14	♑	♒	♑	♑	♒
15	♑	♓	♑	♑	♒
16	♑	♓	♑	♑	♒
17	♑	♈	♑	♑	♒
18	♑	♈	♑	♑	♒
19	♑	♈	♑	♑	♒
20	♑	♉	♒	♑	♒
21	♒	♉	♒	♑	♒
22	♒	♊	♒	♑	♒
23	♒	♊	♒	♑	♒
24	♒	♊	♒	♑	♒
25	♒	♋	♒	♑	♒
26	♒	♋	♒	♑	♒
27	♒	♌	♒	♑	♒
28	♒	♌	♒	♑	♒
29	♒	♍	♒	♑	♒
30	♒	♍	♒	♑	♒
31	♒	♍	♒	♑	♒

Februar	Sonne ☉	Mond ☾	Merkur ☿	Venus ♀	Mars ♂
1	♒	♎	♒	♑	♒
2	♒	♎	♒	♑	♒
3	♒	♏	♒	♒	♓
4	♒	♏	♒	♒	♓
5	♒	♐	♒	♒	♓
6	♒	♐	♓	♒	♓
7	♒	♑	♓	♒	♓
8	♒	♑	♓	♒	♓
9	♒	♒	♓	♒	♓
10	♒	♒	♓	♒	♓
11	♒	♓	♓	♒	♓
12	♒	♓	♓	♒	♓
13	♒	♓	♓	♒	♓
14	♒	♈	♓	♒	♓
15	♒	♈	♓	♒	♓
16	♒	♉	♓	♒	♓
17	♒	♉	♓	♒	♓
18	♒	♊	♓	♒	♓
19	♒	♊	♓	♒	♓
20	♓	♊	♓	♒	♓
21	♓	♋	♓	♒	♓
22	♓	♋	♓	♒	♓
23	♓	♌	♓	♒	♓
24	♓	♌	♓	♒	♓
25	♓	♌	♓	♒	♓
26	♓	♍	♓	♒	♓
27	♓	♍	♓	♓	♓
28	♓	♎	♓	♓	♓

März	Sonne ☉	Mond ☾	Merkur ☿	Venus ♀	Mars ♂
1	♓	♎	♓	♓	♓
2	♓	♏	♓	♓	♓
3	♓	♏	♓	♓	♓
4	♓	♐	♓	♓	♓
5	♓	♐	♓	♓	♓
6	♓	♐	♓	♓	♓
7	♓	♑	♓	♓	♓
8	♓	♑	♓	♓	♓
9	♓	♒	♓	♓	♓
10	♓	♒	♓	♓	♓
11	♓	♓	♓	♓	♓
12	♓	♓	♓	♓	♓
13	♓	♈	♓	♓	♈
14	♓	♈	♓	♓	♈
15	♓	♉	♓	♓	♈
16	♓	♉	♓	♓	♈
17	♓	♉	♓	♓	♈
18	♓	♊	♓	♓	♈
19	♓	♊	♓	♓	♈
20	♓	♋	♓	♓	♈
21	♈	♋	♓	♓	♈
22	♈	♌	♓	♓	♈
23	♈	♌	♓	♈	♈
24	♈	♌	♓	♈	♈
25	♈	♍	♓	♈	♈
26	♈	♍	♓	♈	♈
27	♈	♎	♓	♈	♈
28	♈	♎	♓	♈	♈
29	♈	♎	♓	♈	♈
30	♈	♏	♓	♈	♈
31	♈	♏	♓	♈	♈

April	Sonne ☉	Mond ☾	Merkur ☿	Venus ♀	Mars ♂
1	♈	♐	♓	♈	♈
2	♈	♐	♓	♈	♈
3	♈	♑	♓	♈	♈
4	♈	♑	♓	♈	♈
5	♈	♒	♓	♈	♈
6	♈	♒	♓	♈	♈
7	♈	♓	♓	♈	♈
8	♈	♓	♓	♈	♈
9	♈	♈	♓	♈	♈
10	♈	♈	♓	♈	♈
11	♈	♈	♓	♈	♈
12	♈	♉	♓	♈	♈
13	♈	♉	♓	♈	♈
14	♈	♊	♓	♈	♈
15	♈	♊	♈	♈	♈
16	♈	♊	♈	♉	♈
17	♈	♋	♈	♉	♈
18	♈	♋	♈	♉	♈
19	♈	♌	♈	♉	♈
20	♈	♌	♈	♉	♈
21	♈	♌	♈	♉	♉
22	♉	♍	♈	♉	♉
23	♉	♍	♈	♉	♉
24	♉	♎	♈	♉	♉
25	♉	♎	♈	♉	♉
26	♉	♏	♈	♉	♉
27	♉	♏	♈	♉	♉
28	♉	♐	♈	♉	♉
29	♉	♐	♈	♉	♉
30	♉	♑	♈	♉	♉

Mai	Sonne ☉	Mond ☾	Merkur ☿	Venus ♀	Mars ♂
1	♉	♑	♈	♉	♉
2	♉	♒	♉	♉	♉
3	♉	♒	♉	♉	♉
4	♉	♓	♉	♉	♉
5	♉	♓	♉	♉	♉
6	♉	♓	♉	♉	♉
7	♉	♈	♉	♉	♉
8	♉	♈	♉	♉	♉
9	♉	♉	♉	♉	♉
10	♉	♉	♉	♊	♉
11	♉	♊	♉	♊	♉
12	♉	♊	♉	♊	♉
13	♉	♊	♉	♊	♉
14	♉	♋	♉	♊	♉
15	♉	♋	♉	♊	♉
16	♉	♌	♊	♊	♉
17	♉	♌	♊	♊	♉
18	♉	♌	♊	♊	♉
19	♉	♍	♊	♊	♉
20	♉	♍	♊	♊	♉
21	♊	♎	♊	♊	♉
22	♊	♎	♊	♊	♉
23	♊	♏	♊	♊	♉
24	♊	♏	♊	♊	♉
25	♊	♐	♊	♊	♉
26	♊	♐	♊	♊	♉
27	♊	♑	♊	♊	♉
28	♊	♑	♊	♊	♉
29	♊	♒	♊	♊	♉
30	♊	♒	♊	♊	♉
31	♊	♒	♊	♊	♉

Juni	Sonne ☉	Mond ☾	Merkur ☿	Venus ♀	Mars ♂
1	♊	♓	♋	♊	♊
2	♊	♓	♋	♊	♊
3	♊	♈	♋	♊	♊
4	♊	♈	♋	♋	♊
5	♊	♉	♋	♋	♊
6	♊	♉	♋	♋	♊
7	♊	♉	♋	♋	♊
8	♊	♊	♋	♋	♊
9	♊	♊	♋	♋	♊
10	♊	♋	♋	♋	♊
11	♊	♋	♋	♋	♊
12	♊	♋	♋	♋	♊
13	♊	♌	♋	♋	♊
14	♊	♌	♋	♋	♊
15	♊	♍	♋	♋	♊
16	♊	♍	♋	♋	♊
17	♊	♍	♋	♋	♊
18	♊	♎	♋	♋	♊
19	♊	♎	♋	♋	♊
20	♊	♏	♋	♋	♊
21	♊	♏	♋	♋	♊
22	♋	♐	♋	♋	♊
23	♋	♐	♋	♋	♊
24	♋	♑	♋	♋	♊
25	♋	♑	♋	♋	♊
26	♋	♒	♋	♋	♊
27	♋	♒	♋	♋	♊
28	♋	♓	♋	♌	♊
29	♋	♓	♋	♌	♊
30	♋	♈	♋	♌	♊

Juli	Sonne ☉	Mond ☾	Merkur ☿	Venus ♀	Mars ♂
1	♋	♈	♋	♌	♊
2	♋	♉	♋	♌	♊
3	♋	♉	♋	♌	♊
4	♋	♉	♋	♌	♊
5	♋	♊	♋	♌	♊
6	♋	♊	♋	♌	♊
7	♋	♋	♋	♌	♊
8	♋	♋	♋	♌	♊
9	♋	♋	♋	♌	♊
10	♋	♌	♋	♌	♊
11	♋	♌	♋	♌	♊
12	♋	♍	♋	♌	♊
13	♋	♍	♋	♌	♊
14	♋	♍	♋	♌	♋
15	♋	♎	♋	♌	♋
16	♋	♎	♋	♌	♋
17	♋	♏	♋	♌	♋
18	♋	♏	♋	♌	♋
19	♋	♐	♋	♌	♋
20	♋	♐	♋	♌	♋
21	♋	♑	♋	♌	♋
22	♋	♑	♋	♌	♋
23	♌	♒	♋	♍	♋
24	♌	♒	♋	♍	♋
25	♌	♓	♋	♍	♋
26	♌	♓	♋	♍	♋
27	♌	♈	♋	♍	♋
28	♌	♈	♋	♍	♋
29	♌	♈	♋	♍	♋
30	♌	♉	♋	♍	♋
31	♌	♉	♋	♍	♋

August	Sonne ☉	Mond ☾	Merkur ☿	Venus ♀	Mars ♂
1	♌	♊	♋	♍	♋
2	♌	♊	♋	♍	♋
3	♌	♊	♋	♍	♋
4	♌	♋	♋	♍	♋
5	♌	♋	♋	♍	♋
6	♌	♌	♋	♍	♋
7	♌	♌	♋	♍	♋
8	♌	♌	♋	♍	♋
9	♌	♍	♌	♍	♋
10	♌	♍	♌	♍	♋
11	♌	♎	♌	♍	♋
12	♌	♎	♌	♍	♋
13	♌	♏	♌	♍	♋
14	♌	♏	♌	♍	♋
15	♌	♏	♌	♍	♋
16	♌	♐	♌	♍	♋
17	♌	♐	♌	♎	♋
18	♌	♑	♌	♎	♋
19	♌	♑	♌	♎	♋
20	♌	♒	♌	♎	♋
21	♌	♒	♌	♎	♋
22	♌	♓	♌	♎	♋
23	♌	♓	♌	♎	♋
24	♍	♈	♍	♎	♋
25	♍	♈	♍	♎	♋
26	♍	♉	♍	♎	♋
27	♍	♉	♍	♎	♋
28	♍	♊	♍	♎	♋
29	♍	♊	♍	♎	♌
30	♍	♊	♍	♎	♌
31	♍	♋	♍	♎	♌

September	Sonne ☉	Mond ☾	Merkur ☿	Venus ♀	Mars ♂
1	♍	♋	♍	♎	♌
2	♍	♌	♍	♎	♌
3	♍	♌	♍	♎	♌
4	♍	♌	♍	♎	♌
5	♍	♍	♍	♎	♌
6	♍	♍	♍	♎	♌
7	♍	♎	♍	♎	♌
8	♍	♎	♍	♎	♌
9	♍	♏	♍	♎	♌
10	♍	♏	♎	♎	♌
11	♍	♐	♎	♎	♌
12	♍	♐	♎	♏	♌
13	♍	♑	♎	♏	♌
14	♍	♑	♎	♏	♌
15	♍	♒	♎	♏	♌
16	♍	♒	♎	♏	♌
17	♍	♓	♎	♏	♌
18	♍	♓	♎	♏	♌
19	♍	♈	♎	♏	♌
20	♍	♈	♎	♏	♌
21	♍	♉	♎	♏	♌
22	♍	♉	♎	♏	♌
23	♍	♊	♎	♏	♌
24	♎	♊	♎	♏	♌
25	♎	♋	♎	♏	♌
26	♎	♋	♎	♏	♌
27	♎	♌	♎	♏	♌
28	♎	♌	♎	♏	♌
29	♎	♍	♎	♏	♌
30	♎	♍	♏	♏	♌

Oktober	Sonne ☉	Mond ☾	Merkur ☿	Venus ♀	Mars ♂
1	♎	♌	♏	♏	♌
2	♎	♍	♏	♏	♌
3	♎	♍	♏	♏	♌
4	♎	♍	♏	♏	♌
5	♎	♎	♏	♏	♌
6	♎	♎	♏	♏	♌
7	♎	♏	♏	♏	♌
8	♎	♏	♏	♐	♌
9	♎	♐	♏	♐	♌
10	♎	♐	♏	♐	♌
11	♎	♑	♏	♐	♌
12	♎	♑	♏	♐	♌
13	♎	♒	♏	♐	♌
14	♎	♒	♏	♐	♌
15	♎	♓	♏	♐	♌
16	♎	♓	♏	♐	♍
17	♎	♓	♏	♐	♍
18	♎	♈	♏	♐	♍
19	♎	♈	♏	♐	♍
20	♎	♉	♏	♐	♍
21	♎	♉	♏	♐	♍
22	♎	♊	♏	♐	♍
23	♎	♊	♏	♐	♍
24	♏	♊	♏	♐	♍
25	♏	♋	♏	♐	♍
26	♏	♋	♏	♐	♍
27	♏	♌	♏	♐	♍
28	♏	♌	♏	♐	♍
29	♏	♌	♏	♐	♍
30	♏	♍	♏	♐	♍
31	♏	♍	♏	♐	♍

November	Sonne ☉	Mond ☾	Merkur ☿	Venus ♀	Mars ♂
1	♏	♎	♏	♐	♍
2	♏	♎	♏	♐	♍
3	♏	♏	♏	♐	♍
4	♏	♏	♏	♐	♍
5	♏	♐	♏	♐	♍
6	♏	♐	♏	♑	♍
7	♏	♑	♏	♑	♍
8	♏	♑	♏	♑	♍
9	♏	♒	♏	♑	♍
10	♏	♒	♏	♑	♍
11	♏	♒	♏	♑	♍
12	♏	♓	♏	♑	♍
13	♏	♓	♏	♑	♍
14	♏	♈	♏	♑	♍
15	♏	♈	♏	♑	♍
16	♏	♉	♏	♑	♍
17	♏	♉	♏	♑	♍
18	♏	♉	♏	♑	♍
19	♏	♊	♏	♑	♍
20	♏	♊	♏	♑	♍
21	♏	♋	♏	♑	♍
22	♏	♋	♏	♑	♍
23	♐	♌	♏	♑	♍
24	♐	♌	♏	♑	♍
25	♐	♌	♏	♑	♍
26	♐	♍	♏	♑	♍
27	♐	♍	♏	♑	♍
28	♐	♎	♏	♑	♍
29	♐	♎	♏	♑	♍
30	♐	♎	♏	♑	♍

Dezember	Sonne ☉	Mond ☾	Merkur ☿	Venus ♀	Mars ♂
1	♐	♏	♏	♑	♍
2	♐	♏	♏	♑	♍
3	♐	♐	♏	♑	♍
4	♐	♐	♏	♑	♍
5	♐	♑	♏	♑	♍
6	♐	♑	♐	♑	♍
7	♐	♒	♐	♑	♍
8	♐	♒	♐	♑	♍
9	♐	♓	♐	♑	♎
10	♐	♓	♐	♑	♎
11	♐	♈	♐	♑	♎
12	♐	♈	♐	♑	♎
13	♐	♉	♐	♑	♎
14	♐	♉	♐	♑	♎
15	♐	♉	♐	♑	♎
16	♐	♊	♐	♑	♎
17	♐	♊	♐	♑	♎
18	♐	♋	♐	♑	♎
19	♐	♋	♐	♑	♎
20	♐	♋	♐	♑	♎
21	♐	♌	♐	♑	♎
22	♑	♌	♐	♑	♎
23	♑	♍	♐	♑	♎
24	♑	♍	♐	♑	♎
25	♑	♍	♐	♑	♎
26	♑	♎	♐	♑	♎
27	♑	♎	♐	♑	♎
28	♑	♏	♐	♑	♎
29	♑	♏	♐	♑	♎
30	♑	♐	♐	♑	♎
31	♑	♐	♐	♑	♎

Januar	Sonne ☉	Mond ☾	Merkur ☿	Venus ♀	Mars ♂
1	♑	♑	♑	♑	♎
2	♑	♑	♑	♑	♎
3	♑	♒	♑	♑	♎
4	♑	♒	♑	♑	♎
5	♑	♓	♑	♑	♎
6	♑	♓	♑	♑	♎
7	♑	♈	♑	♑	♎
8	♑	♈	♑	♑	♎
9	♑	♈	♑	♑	♎
10	♑	♉	♑	♑	♎
11	♑	♉	♑	♑	♎
12	♑	♊	♒	♑	♎
13	♑	♊	♒	♑	♎
14	♑	♊	♒	♑	♎
15	♑	♋	♒	♑	♎
16	♑	♋	♒	♑	♎
17	♑	♌	♒	♑	♎
18	♑	♌	♒	♑	♎
19	♑	♌	♒	♑	♎
20	♑	♍	♒	♑	♎
21	♒	♍	♒	♑	♎
22	♒	♎	♒	♑	♎
23	♒	♎	♒	♑	♎
24	♒	♏	♒	♑	♎
25	♒	♏	♒	♑	♎
26	♒	♏	♒	♑	♎
27	♒	♐	♒	♑	♎
28	♒	♐	♒	♑	♎
29	♒	♑	♒	♑	♎
30	♒	♑	♒	♑	♎
31	♒	♒	♒	♑	♎

Februar	Sonne ☉	Mond ☾	Merkur ☿	Venus ♀	Mars ♂
1	♒	♒	♓	♑	♎
2	♒	♓	♓	♑	♎
3	♒	♓	♓	♑	♎
4	♒	♈	♓	♑	♎
5	♒	♈	♓	♑	♎
6	♒	♉	♓	♑	♎
7	♒	♉	♓	♑	♎
8	♒	♊	♓	♑	♎
9	♒	♊	♓	♑	♎
10	♒	♊	♓	♑	♎
11	♒	♋	♓	♑	♎
12	♒	♋	♓	♑	♎
13	♒	♌	♓	♑	♎
14	♒	♌	♒	♑	♎
15	♒	♌	♒	♑	♎
16	♒	♍	♒	♑	♎
17	♒	♍	♒	♑	♎
18	♒	♎	♒	♑	♎
19	♒	♎	♒	♑	♎
20	♓	♎	♒	♑	♎
21	♓	♏	♒	♑	♎
22	♓	♏	♒	♑	♎
23	♓	♐	♒	♑	♎
24	♓	♐	♒	♑	♎
25	♓	♑	♒	♑	♎
26	♓	♑	♒	♑	♎
27	♓	♒	♒	♑	♎
28	♓	♒	♒	♑	♎

März	Sonne ☉	Mond ☾	Merkur ☿	Venus ♀	Mars ♂
1	♓	♓	♒	♑	♎
2	♓	♓	♒	♑	♎
3	♓	♈	♒	♑	♎
4	♓	♈	♒	♑	♎
5	♓	♉	♒	♑	♎
6	♓	♉	♒	♒	♎
7	♓	♉	♒	♒	♎
8	♓	♊	♒	♒	♎
9	♓	♊	♒	♒	♎
10	♓	♋	♒	♒	♎
11	♓	♋	♒	♒	♎
12	♓	♋	♒	♒	♎
13	♓	♌	♒	♒	♎
14	♓	♌	♒	♒	♎
15	♓	♍	♒	♒	♎
16	♓	♍	♒	♒	♎
17	♓	♍	♒	♒	♎
18	♓	♎	♓	♒	♎
19	♓	♎	♓	♒	♎
20	♓	♏	♓	♒	♎
21	♈	♏	♓	♒	♎
22	♈	♐	♓	♒	♎
23	♈	♐	♓	♒	♎
24	♈	♑	♓	♒	♎
25	♈	♑	♓	♒	♎
26	♈	♒	♓	♒	♎
27	♈	♒	♓	♒	♎
28	♈	♒	♓	♒	♎
29	♈	♓	♓	♒	♎
30	♈	♓	♓	♒	♎
31	♈	♈	♓	♒	♎

April	Sonne ☉	Mond ☾	Merkur ☿	Venus ♀	Mars ♂
1	♈	♈	♓	♒	♎
2	♈	♉	♓	♒	♎
3	♈	♉	♓	♒	♎
4	♈	♊	♓	♒	♎
5	♈	♊	♓	♒	♎
6	♈	♋	♓	♓	♎
7	♈	♋	♓	♓	♎
8	♈	♋	♈	♓	♎
9	♈	♌	♈	♓	♎
10	♈	♌	♈	♓	♎
11	♈	♍	♈	♓	♎
12	♈	♍	♈	♓	♎
13	♈	♍	♈	♓	♎
14	♈	♎	♈	♓	♎
15	♈	♎	♈	♓	♎
16	♈	♏	♈	♓	♎
17	♈	♏	♈	♓	♎
18	♈	♐	♈	♓	♎
19	♈	♐	♈	♓	♎
20	♈	♐	♈	♓	♎
21	♈	♑	♈	♓	♎
22	♉	♑	♈	♓	♎
23	♉	♒	♈	♓	♎
24	♉	♒	♉	♓	♎
25	♉	♓	♉	♓	♎
26	♉	♓	♉	♓	♎
27	♉	♈	♉	♓	♎
28	♉	♈	♉	♓	♎
29	♉	♉	♉	♓	♎
30	♉	♉	♉	♓	♎

Mai	Sonne ☉	Mond ☾	Merkur ☿	Venus ♀	Mars ♂
1	♉	♊	♉	♓	♎
2	♉	♊	♉	♓	♎
3	♉	♊	♉	♓	♎
4	♉	♋	♉	♈	♎
5	♉	♋	♉	♈	♎
6	♉	♌	♉	♈	♎
7	♉	♌	♉	♈	♎
8	♉	♌	♊	♈	♎
9	♉	♍	♊	♈	♎
10	♉	♍	♊	♈	♎
11	♉	♎	♊	♈	♎
12	♉	♎	♊	♈	♎
13	♉	♎	♊	♈	♎
14	♉	♏	♊	♈	♎
15	♉	♏	♊	♈	♎
16	♉	♐	♊	♈	♎
17	♉	♐	♊	♈	♎
18	♉	♑	♊	♈	♎
19	♉	♑	♊	♈	♎
20	♉	♒	♊	♈	♎
21	♊	♒	♊	♈	♎
22	♊	♓	♊	♈	♎
23	♊	♓	♊	♈	♎
24	♊	♈	♊	♈	♎
25	♊	♈	♊	♈	♎
26	♊	♉	♊	♈	♎
27	♊	♉	♊	♈	♎
28	♊	♉	♊	♈	♎
29	♊	♊	♊	♈	♎
30	♊	♊	♋	♉	♎
31	♊	♋	♋	♉	♎

Juni	Sonne ☉	Mond ☾	Merkur ☿	Venus ♀	Mars ♂
1	♊	♋	♋	♉	♎
2	♊	♋	♋	♉	♎
3	♊	♌	♋	♉	♎
4	♊	♌	♋	♉	♎
5	♊	♍	♋	♉	♎
6	♊	♍	♋	♉	♎
7	♊	♍	♋	♉	♎
8	♊	♎	♋	♉	♎
9	♊	♎	♋	♉	♎
10	♊	♏	♋	♉	♎
11	♊	♏	♋	♉	♎
12	♊	♐	♋	♉	♎
13	♊	♐	♋	♉	♎
14	♊	♑	♋	♉	♎
15	♊	♑	♋	♉	♎
16	♊	♒	♋	♉	♎
17	♊	♒	♋	♉	♎
18	♊	♓	♊	♉	♎
19	♊	♓	♊	♉	♎
20	♊	♈	♊	♉	♎
21	♊	♈	♊	♉	♎
22	♋	♈	♊	♉	♎
23	♋	♉	♊	♉	♎
24	♋	♉	♊	♊	♎
25	♋	♊	♊	♊	♎
26	♋	♊	♊	♊	♎
27	♋	♋	♊	♊	♎
28	♋	♋	♊	♊	♎
29	♋	♋	♊	♊	♎
30	♋	♌	♊	♊	♎

Juli	Sonne ☉	Mond ☾	Merkur ☿	Venus ♀	Mars ♂
1	♋	♌	♊	♊	♎
2	♋	♍	♊	♊	♎
3	♋	♍	♊	♊	♎
4	♋	♍	♊	♊	♎
5	♋	♎	♊	♊	♎
6	♋	♎	♊	♊	♎
7	♋	♏	♊	♊	♎
8	♋	♏	♊	♊	♎
9	♋	♏	♊	♊	♎
10	♋	♐	♊	♊	♎
11	♋	♐	♊	♊	♎
12	♋	♑	♊	♊	♎
13	♋	♑	♊	♊	♎
14	♋	♒	♋	♊	♎
15	♋	♒	♋	♊	♎
16	♋	♓	♋	♊	♎
17	♋	♓	♋	♊	♎
18	♋	♈	♋	♊	♎
19	♋	♈	♋	♋	♎
20	♋	♉	♋	♋	♎
21	♋	♉	♋	♋	♎
22	♋	♊	♋	♋	♎
23	♌	♊	♋	♋	♎
24	♌	♊	♋	♋	♎
25	♌	♋	♋	♋	♎
26	♌	♋	♋	♋	♎
27	♌	♌	♋	♋	♏
28	♌	♌	♋	♋	♏
29	♌	♌	♋	♋	♏
30	♌	♍	♋	♋	♏
31	♌	♍	♋	♋	♏

August	Sonne ☉	Mond ☾	Merkur ☿	Venus ♀	Mars ♂
1	♌	♎	♌	♋	♏
2	♌	♎	♌	♋	♏
3	♌	♎	♌	♋	♏
4	♌	♏	♌	♋	♏
5	♌	♏	♌	♋	♏
6	♌	♐	♌	♋	♏
7	♌	♐	♌	♋	♏
8	♌	♑	♌	♋	♏
9	♌	♑	♌	♋	♏
10	♌	♒	♌	♋	♏
11	♌	♒	♌	♋	♏
12	♌	♓	♌	♋	♏
13	♌	♓	♌	♌	♏
14	♌	♈	♌	♌	♏
15	♌	♈	♌	♌	♏
16	♌	♉	♍	♌	♏
17	♌	♉	♍	♌	♏
18	♌	♊	♍	♌	♏
19	♌	♊	♍	♌	♏
20	♌	♊	♍	♌	♏
21	♌	♋	♍	♌	♏
22	♌	♋	♍	♌	♏
23	♌	♌	♍	♌	♏
24	♍	♌	♍	♌	♏
25	♍	♌	♍	♌	♏
26	♍	♍	♍	♌	♏
27	♍	♍	♍	♌	♏
28	♍	♎	♍	♌	♏
29	♍	♎	♍	♌	♏
30	♍	♎	♍	♌	♏
31	♍	♏	♍	♌	♏

September	Sonne ☉	Mond ☾	Merkur ☿	Venus ♀	Mars ♂
1	♍	♏	♍	♌	♏
2	♍	♐	♍	♌	♏
3	♍	♐	♎	♌	♏
4	♍	♑	♎	♌	♏
5	♍	♑	♎	♌	♏
6	♍	♒	♎	♍	♏
7	♍	♒	♎	♍	♏
8	♍	♓	♎	♍	♏
9	♍	♓	♎	♍	♏
10	♍	♈	♎	♍	♏
11	♍	♈	♎	♍	♏
12	♍	♈	♎	♍	♏
13	♍	♉	♎	♍	♏
14	♍	♉	♎	♍	♏
15	♍	♊	♎	♍	♐
16	♍	♊	♎	♍	♐
17	♍	♋	♎	♍	♐
18	♍	♋	♎	♍	♐
19	♍	♋	♎	♍	♐
20	♍	♌	♎	♍	♐
21	♍	♌	♎	♍	♐
22	♍	♍	♎	♍	♐
23	♍	♍	♎	♍	♐
24	♎	♍	♎	♍	♐
25	♎	♎	♎	♍	♐
26	♎	♎	♎	♍	♐
27	♎	♏	♎	♍	♐
28	♎	♏	♏	♍	♐
29	♎	♐	♏	♍	♐
30	♎	♐	♏	♎	♐

Oktober	Sonne ☉	Mond ☾	Merkur ☿	Venus ♀	Mars ♂
1	♎	♐	♏	♎	♐
2	♎	♑	♏	♎	♐
3	♎	♑	♏	♎	♐
4	♎	♒	♏	♎	♐
5	♎	♒	♏	♎	♐
6	♎	♓	♏	♎	♐
7	♎	♓	♏	♎	♐
8	♎	♈	♏	♎	♐
9	♎	♈	♏	♎	♐
10	♎	♉	♏	♎	♐
11	♎	♉	♎	♎	♐
12	♎	♊	♎	♎	♐
13	♎	♊	♎	♎	♐
14	♎	♋	♎	♎	♐
15	♎	♋	♎	♎	♐
16	♎	♋	♎	♎	♐
17	♎	♌	♎	♎	♐
18	♎	♌	♎	♎	♐
19	♎	♍	♎	♎	♐
20	♎	♍	♎	♎	♐
21	♎	♍	♎	♎	♐
22	♎	♎	♎	♎	♐
23	♎	♎	♎	♎	♐
24	♏	♏	♎	♏	♐
25	♏	♏	♎	♏	♐
26	♏	♏	♎	♏	♐
27	♏	♐	♎	♏	♑
28	♏	♐	♎	♏	♑
29	♏	♑	♎	♏	♑
30	♏	♑	♎	♏	♑
31	♏	♒	♎	♏	♑

November	Sonne ☉	Mond ☾	Merkur ☿	Venus ♀	Mars ♂
1	♏	♒	♎	♏	♑
2	♏	♓	♎	♏	♑
3	♏	♓	♎	♏	♑
4	♏	♈	♎	♏	♑
5	♏	♈	♎	♏	♑
6	♏	♉	♎	♏	♑
7	♏	♉	♎	♏	♑
8	♏	♉	♎	♏	♑
9	♏	♊	♏	♏	♑
10	♏	♊	♏	♏	♑
11	♏	♋	♏	♏	♑
12	♏	♋	♏	♏	♑
13	♏	♌	♏	♏	♑
14	♏	♌	♏	♏	♑
15	♏	♌	♏	♏	♑
16	♏	♍	♏	♏	♑
17	♏	♍	♏	♐	♑
18	♏	♎	♏	♐	♑
19	♏	♎	♏	♐	♑
20	♏	♎	♏	♐	♑
21	♏	♏	♏	♐	♑
22	♏	♏	♏	♐	♑
23	♐	♐	♏	♐	♑
24	♐	♐	♏	♐	♑
25	♐	♑	♏	♐	♑
26	♐	♑	♏	♐	♑
27	♐	♒	♏	♐	♑
28	♐	♒	♏	♐	♑
29	♐	♓	♐	♐	♑
30	♐	♓	♐	♐	♑

Dezember	Sonne ☉	Mond ☾	Merkur ☿	Venus ♀	Mars ♂
1	♐	♓	♐	♐	♑
2	♐	♈	♐	♐	♑
3	♐	♈	♐	♐	♑
4	♐	♉	♐	♐	♑
5	♐	♉	♐	♐	♒
6	♐	♊	♐	♐	♒
7	♐	♊	♐	♐	♒
8	♐	♋	♐	♐	♒
9	♐	♋	♐	♐	♒
10	♐	♋	♐	♐	♒
11	♐	♌	♑	♐	♒
12	♐	♌	♑	♐	♒
13	♐	♍	♑	♐	♒
14	♐	♍	♑	♐	♒
15	♐	♍	♑	♐	♒
16	♐	♎	♑	♐	♒
17	♐	♎	♑	♑	♒
18	♐	♏	♑	♑	♒
19	♐	♏	♑	♑	♒
20	♐	♐	♑	♑	♒
21	♐	♐	♑	♑	♒
22	♑	♐	♑	♑	♒
23	♑	♑	♑	♑	♒
24	♑	♑	♑	♑	♒
25	♑	♒	♑	♑	♒
26	♑	♒	♑	♑	♒
27	♑	♓	♑	♑	♒
28	♑	♓	♑	♑	♒
29	♑	♈	♑	♑	♒
30	♑	♈	♑	♑	♒
31	♑	♉	♑	♑	♒